普通高等院校“十四五”计算机基础系列教材

赠送考试系统、免费提供教学资源

新编大学计算机实践指导

杨东芳　白　鑫◎主编

中国铁道出版社有限公司
CHINA RAILWAY PUBLISHING HOUSE CO., LTD.

内容简介

本书由大学计算机基础课程的一线教师总结多年教学实践经验编写而成，是《新编大学计算机》（白鑫等主编，中国铁道出版社有限公司出版）的配套实践教材，旨在帮助学生掌握计算机应用的基本技能；熟悉并掌握计算机硬件设备的基础组装；学会计算机系统的安装和维护；学会Windows 7操作系统的基本操作；掌握用Office 2016等常用办公软件进行文字处理、电子表格操作、演示文稿制作，掌握计算机网络的基本配置和使用，掌握多媒体技术、软件技术、云盘等计算机技术的相关操作；学会网络信息安全系统的设置与维护。

每章都分为基础实验和综合实验，由浅入深、循序渐进地指导学生进行实践，以期通过反复练习、强化技能训练，有效帮助学生提升信息处理和应用的能力。

本书适合作为普通高等院校非计算机专业计算机基础课程实践教材，也可作为计算机技术培训教材和自学参考书。

图书在版编目（CIP）数据

新编大学计算机实践指导/杨东芳，白鑫主编.—北京：中国铁道出版社有限公司，2022.1

普通高等院校“十四五”计算机基础系列教材

ISBN 978-7-113-28784-9

Ⅰ.①新… Ⅱ.①杨… ②白… Ⅲ.①电子计算机-高等学校-教材 Ⅳ.①TP3

中国版本图书馆CIP数据核字(2022)第003822号

书　　名：新编大学计算机实践指导
作　　者：杨东芳　白　鑫

策　　划：韩从付　　　　**编辑部电话：**（010）63549508
责任编辑：陆慧萍　彭立辉
封面设计：尚明龙
封面制作：刘　颖
责任校对：安海燕
责任印制：樊启鹏

出版发行：中国铁道出版社有限公司（100054，北京市西城区右安门西街8号）
网　　址：http://www.tdpress.com/51eds/
印　　刷：三河市航远印刷有限公司
版　　次：2022年1月第1版　2022年1月第1次印刷
开　　本：880 mm×1 230 mm 1/16　**印张：**10　**字数：**300千
书　　号：ISBN 978-7-113-28784-9
定　　价：28.00元

前　言

“大学计算机基础”是高等学校非计算机专业学生的通识必修课，是计算机教育的入门课程。该课程的开设将从广度和深度上提升大学生的计算机知识结构，使其理论基础和实践能力得到进一步加强。本书是《新编大学计算机》（以下简称“主教材”）（白鑫、甘勇、白朋飞主编）的配套教材。书中每个实验都以案例的方式介绍，并按零起点进行设计，用于辅助教师实践教学，也可以帮助学生自学。

全书精选对应主教材各知识模块的基础实验和综合实验，由浅入深、循序渐进地引导学生进行实践，每个实验包括实验目的、实验内容、实验步骤和实验思考环节。实验目的是对主教材各章节知识点的概括；实验内容是对理论教材各章节知识点、技术和方法的提炼和总结；实验步骤对实验内容的每一部分展开详细介绍，使学生能理解和掌握每个知识点；实验思考是实验内容的拓展，旨在进一步提升学生的技术应用能力。

本书具有以下特点：

（1）内容丰富，重点突出，操作步骤详细，方便学生上机实践。

（2）理论与实践紧密结合，突出对学生动手能力、应用能力和技能的培养。

（3）内容与时俱进，紧跟信息技术发展的步伐，体现了计算机新技术发展，并兼顾新版全国计算机等级考试一级 MS Office 操作要求和二级 MS Office 操作要求。

（4）本书教学资源丰富，提供配套的电子教案、相关素材资源（网络下载地址为 http://www.tdpress.com/51eds/），并提供免费的考试系统，如有读者需要，可与作者（QQ：147898565）联系获取。

本书由杨东芳、白鑫主编，张小峰、杨东芳、夏冰、赵会燕、赵丽红、秦丽娜参与编写。其中：第 1、3、8 章由张小峰编写，第 2、4 章由杨东芳编写，第 5 章由夏冰编写，第 6 章由赵会燕编写，第 7、9 章由赵丽红编写，第 10、11 章由秦丽娜编写。全书由白鑫策划，并统稿、定稿。本书在编写过程中得到了中国铁道出版社有限公司和郑州升达经贸管理学院的大力支持和帮助，在此表示衷心感谢。

由于计算机飞速发展，编者能力水平所限，虽尽力跟踪最新技术，仍难免有疏漏与不妥之处，恳请读者不吝批评指正。

编　者

2021 年 9 月

目 录

第1章 计算机概述

基础实验 1.1 认识计算机常用设备 1
基础实验 1.2 台式计算机的安装 3
综合实验 解决计算机蓝屏故障 8

第2章 操作系统

基础实验 2.1 Windows 7 基本操作 10
基础实验 2.2 管理文件和文件夹 14
基础实验 2.3 快捷方式和控制面板 17
基础实验 2.4 设备管理 24
综合实验 系统优化 26

第3章 计算与计算思维

基础实验 3.1 解决抛硬币问题 29
基础实验 3.2 解决百钱买百鸡问题 30
综合实验 解决汉诺塔问题 32

第4章 文字处理和排版技术

基础实验 4.1 Word 2016 的基本操作 35
基础实验 4.2 文档格式设置 39
基础实验 4.3 表格的创建及编辑 44
基础实验 4.4 图文混排 47
基础实验 4.5 邮件合并 49
综合实验 长文档排版 52

第5章 电子表格处理

基础实验 5.1 “参考书籍采购表”的制作 65
基础实验 5.2 “车辆使用情况表”数据统计及分析 68
综合实验 “学生成绩表”的制作与管理 71

第 6 章 演示文稿制作

基础实验 6.1 演示文稿基本操作......79
基础实验 6.2 修饰演示文稿......82
基础实验 6.3 设置动画及创建超链接......84
综合实验 制作“水资源保护”演示文稿......88

第 7 章 多媒体技术应用

基础实验 7.1 使用 Photoshop CS6 进行图片的基本处理......93
基础实验 7.2 使用 GoldWave 进行音频的基本处理......98
综合实验 使用视频编辑专家为视频添加字幕与背景音乐......103

第 8 章 软件技术基础

基础实验 8.1 栈和列队的基本操作......108
基础实验 8.2 查找和排序......113
综合实验 设计学生信息管理系统......117

第 9 章 计算机网络

基础实验 9.1 检查、配置计算机网络设置......122
基础实验 9.2 互联网的典型应用、IE 浏览器的基本操作和电子邮箱的使用......123
综合实验 利用光纤接入技术组建家庭局域网......130

第 10 章 计算机新技术

基础实验 10.1 安装百度云网盘......133
基础实验 10.2 利用百度云网盘存储文件......136
综合实验 CNKI 中国知网系列数据库信息检索......140

第 11 章 信息安全

基础实验 11.1 Windows 防火墙高级设置......146
基础实验 11.2 凯撒密码......152
综合实验 360 安全卫士防病毒软件的安装与使用......153

计算机概述

基础实验 1.1 认识计算机常用设备

实验目的

（1）认识计算机的主要组成部件。

（2）了解计算机主要部件的外观形状。

（3）了解计算机主要部件的技术性能。

实验内容

（1）了解台式计算机的主要组成部件。

（2）了解 CPU 的类型和技术参数。

（3）了解主板的主要构成和接口。

（4）了解内存的类型和技术参数。

（5）了解硬盘的种类和技术参数。

（6）了解显示器的种类和技术参数。

实验步骤

1. 认识台式计算机主要组成部件

步骤 1：在关机状态下，了解台式计算机的主要组成部件，如图 1–1、表 1–1 所示。

图 1–1　台式计算机主要组成部件

表 1-1　台式计算机主要部件一览表

序　号	部件名称	数　量	说　明	序　号	部件名称	数　量	说　明
1	CPU	1	必配	9	电源	1	必配
2	CPU 散热风扇	1	必配	10	机箱	1	必配
3	主板	1	必配	11	键盘	1	必配
4	内存	1	必配	12	鼠标	1	必配
5	显卡	1	必配	13	扬声器（音箱）	1 对	选配
6	显示器	1	必配	14	传声器（麦克风）	1	选配
7	硬盘	1	必配	15	光纤 Modem	1	选配
8	光驱	1	选配	16	外接电源盒	1	必配

步骤 2：观察 CPU 芯片，了解 CPU 是哪个厂商的产品，大致有多少个引脚。

步骤 3：如图 1-2 所示，观察主板，了解主板类型（标准 ATX、Micro ATX、mini-ITX），了解 CPU 插座，指明主板总线插座（PCI、PCI-E），了解内存插座，说明 I/O 接口（SATA、前面板接线插座），了解 ATX 电源接口（ATX24），了解主要芯片（南桥、网络、音频、SIO），说明主要电子元件（时钟晶振、电容）。

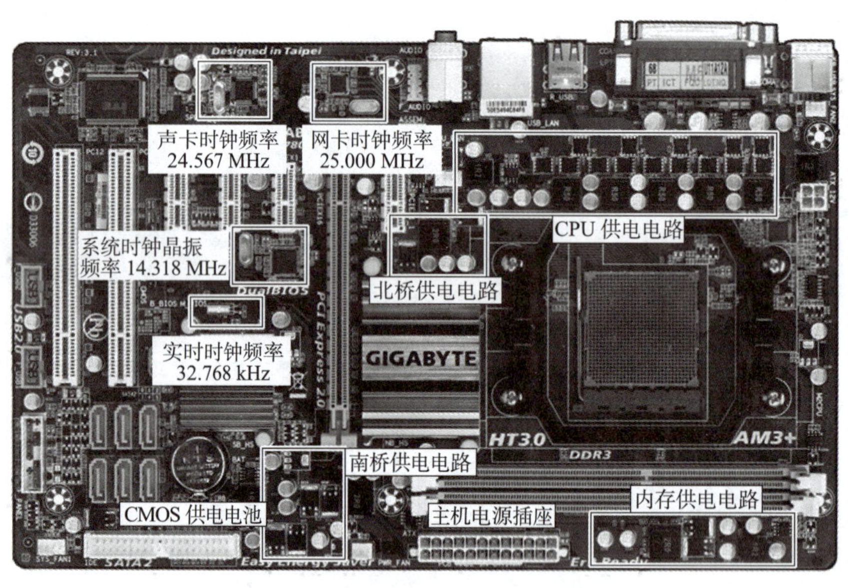

图 1-2　计算机主板主要芯片和元件

步骤 4：观察内存，了解内存类型、内存容量、内存芯片、SPD 芯片、金手指。

步骤 5：观察硬盘，了解硬盘的容量、接口类型、工作电压等。

步骤 6：观察电源，了解电源最大功率、电源输出接口线路各种颜色线的电压。

2. 认识台式计算机的典型输出设备

步骤 1：观察显示器，测量显示器尺寸、显示器的功率、接口类型。

步骤 2：观察激光打印机，了解打印机与计算机的接口类型、硒鼓的取出 / 放入方法。

实验思考

（1）现在主流的显卡是什么？

（2）作为一名大学生，如何选购适合自己使用的计算机组件？

基础实验 1.2　台式计算机的安装

实验目的

（1）掌握计算机主机的安装方法。

（2）掌握计算机各个部件之间的正确连接方法。

（3）了解计算机安装过程中应当注意的问题。

实验内容

（1）了解计算机拆卸步骤。

（2）了解计算机安装工艺和注意事项。

（3）掌握计算机主要部件的安装方法。

实验步骤

台式计算机主要由主机、显示器、键盘和鼠标三大部件组成，如图 1-3 所示。主机中包含主板 CPU、内存、硬盘、显卡、电源等多个部件。

图 1-3　台式计算机三大部件示意图

1. 了解主机拆卸注意事项

（1）拆卸计算机设备前，要首先释放身体的静电，如用水洗手等方法。

（2）在拆卸过程中，不要用手触摸芯片引脚，可能会造成芯片静电击穿。

（3）拆卸计算机设备时应当注意，某些设备有倒钩固定装置，如电源插头、显卡插座等。

（4）拆卸不熟悉的计算机设备时，一定要记录拆卸顺序、接线方向和位置等信息。

（5）切忌用蛮力拆卸，当用很大力气都不能拆卸某个设备时，说明这种方法是错误的。

2. 了解主机设备的安装方法

主机内部设备的安装是否正确，会影响计算机是否能够正常工作。因此，在安装主机内部设备时，一定要遵循规范工艺、连接正确、设置合理的基本原则。

（1）安装前查看主板《用户指南》，明确主板上各种插座和跳线的安装和设置方法。

（2）主机的硬件设备都采用了“防呆设计”，在安装过程中只要不使用蛮力，一般不会出现安装错误的情况。

（3）在安装过程中如果用力过大，可能会造成主板变形，留下故障隐患。

（4）在安装过程中如果用手触摸芯片引脚，可能会造成芯片静电击穿。

3. 拆卸主机

步骤 1：拆卸主机外部电源和信号线路。

步骤 2：打开机箱盖板，拆卸硬盘电源线和信号线，然后拆卸硬盘。

步骤 3：拆卸主板上的其他电源线和信号线，拆卸主板插座上的显卡（集成显卡无此项目），拆卸内存。

步骤 4：拆卸主板整体，拆卸 CPU 散热风扇，拆卸 CPU。

步骤 5：机箱电源根据需要选择是否拆卸，检查部件是否齐全。

4. 安装主机设备

主机内部设备的安装步骤和接线如图 1-4 所示。

操作提示：在主板插座上安装 CPU →在 CPU 上安装散热风扇，并将风扇电源线插入主板相应插座→安装内存→在机箱中安装电源（部分机箱已经安装好了）→将主板安装到机箱中→安装显卡→安装硬盘→将电源线接入主板相应插座→将机箱电源开关、电源灯、硬盘灯复位按键等，接入主板相应插座→将机箱的前置 USB 接口、前置音频接口以及其他前置接口接入主板相应插座→加电试机→设置 BIOS 参数→引导计算机系统。

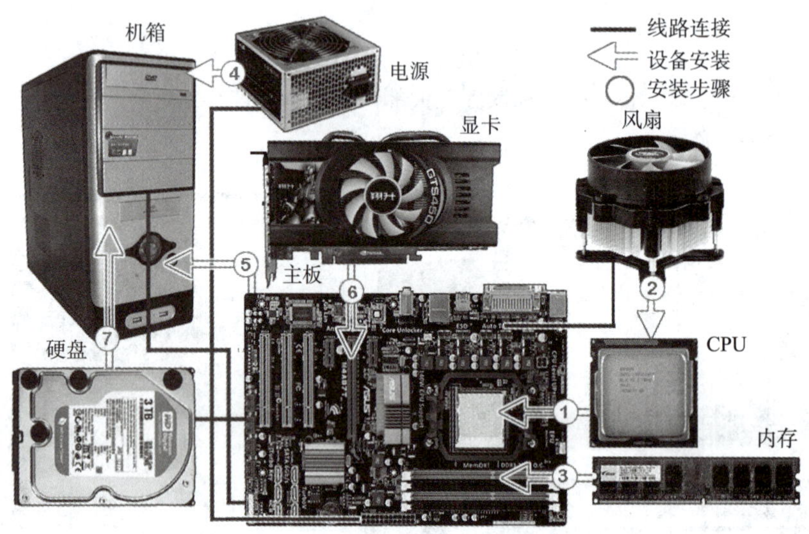

图 1-4 主机内部设备的安装步骤和接线

步骤 1：安装 CPU。首先将 CPU 安装在主板的 CPU 插座上。如图 1-5 所示，CPU 和 CPU 插座采用了防呆设计，将 CPU 的安装标志对准主板上的 CPU 插座标志，CPU 会自动对准卡口，一般不会插错。

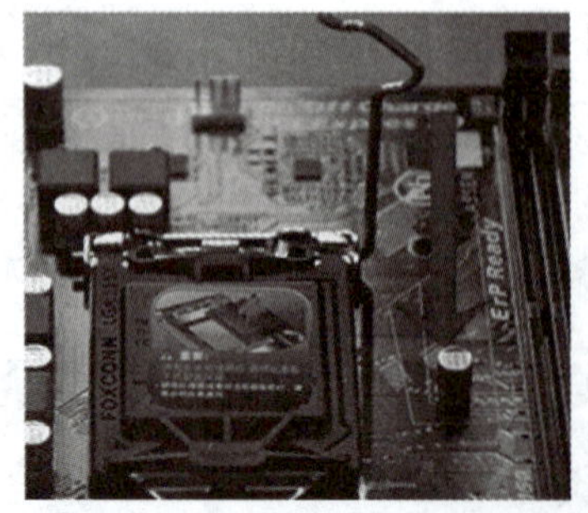 

图 1-5 Intel CPU 安装示意图

 注意：

Intel公司的CPU采用了无针脚设计，不允许多次安装。

步骤 2：安装散热风扇。在安装好的 CPU 上涂上散热油膏，将散热风扇的固定扣具扣紧，再将 CPU 散热风扇的电源线插在主板的相应插座上。

步骤 3：安装内存。将主板上的内存插座固定卡向外拉开，将内存防呆口对准主板上内存的防呆口，将内存安装在主板内存插座上，扣紧主板上的内存条固定卡，如图 1–6 所示。

步骤 4：安装电源。将 ATX 电源设备安装在机箱的上部，如图 1–7 所示。

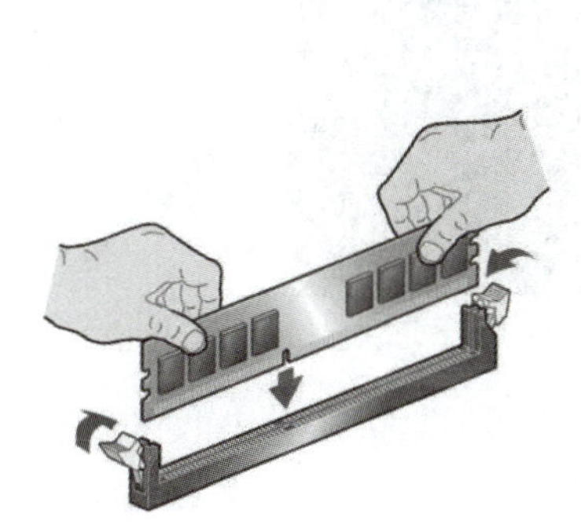

图 1–6　内存安装示意图

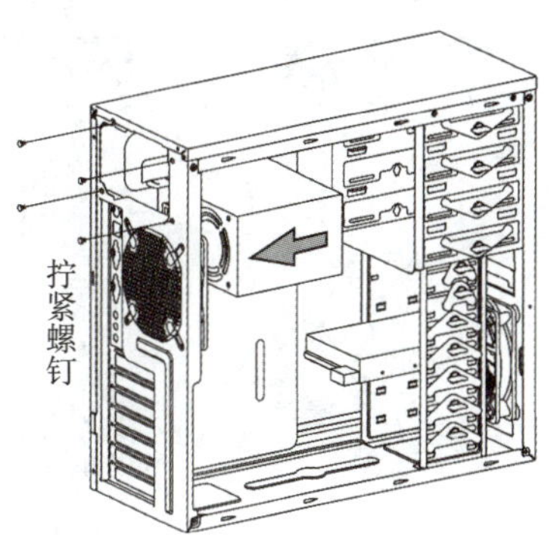

图 1–7　电源安装示意图

步骤 5：安装主板。将主板安装在机箱中，注意主板安装必须平整，不要使主板有变形。

步骤 6：安装显卡。将显卡安装在主板上，扣紧显卡固定卡。如果主板集成了显卡，则不需要安装显卡。

步骤 7：安装硬盘。首先将硬盘安装在机箱中，再将硬盘的电源线和信号线连接到主板相应的插座上，如图 1–8 所示。

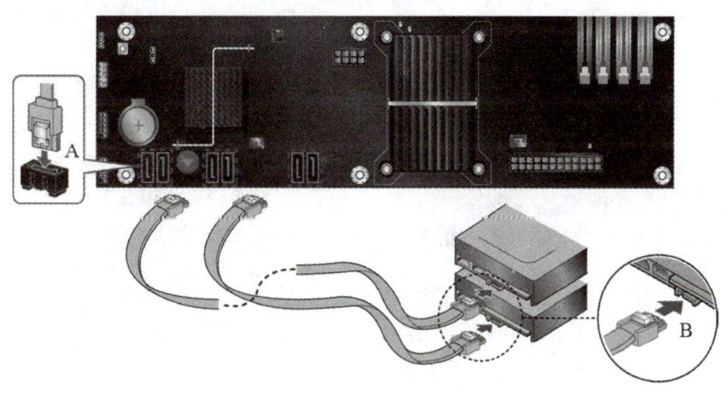

图 1–8　硬盘安装示意图

步骤 8：接线。将机箱电源直流输出线连接到主板相应插座上，如图 1–9 所示。将机箱的电源开关线、电源指示灯线、硬盘指示灯线、主机复位线等连接到主板相应插座上。

步骤 9：检查全部设备是否安装正确，接线是否正确，最后安装机箱盖板。

5. 安装计算机主要外围设备

步骤 1：主机与显示器之间的连接。

主机与显示器之间有 DVI（数字视频接口）、VGA（视频图形阵列）等接口标准，如图 1–10 所示。DVI 是一种数字信号接口，显示效果较好；VGA 是一种模拟信号接口，显示效果比 DVI 稍差。DVI 接口插座形式为 24+5（或 24+1）孔，VGA 接口插座形式为 D 形 3 排 15 孔。安装时，只需要接一根信号线，将显示器随机附带的 DVI（或 VGA）接口线，连接在主机显卡接口与显示器接口之间，然后拧紧信号线插头上的固定螺钉，这样就保证了信号的可靠连接。显示器的电源线插在电源盒插座上。

步骤 2：主机 SIO 接口与外围设备之间的连接。

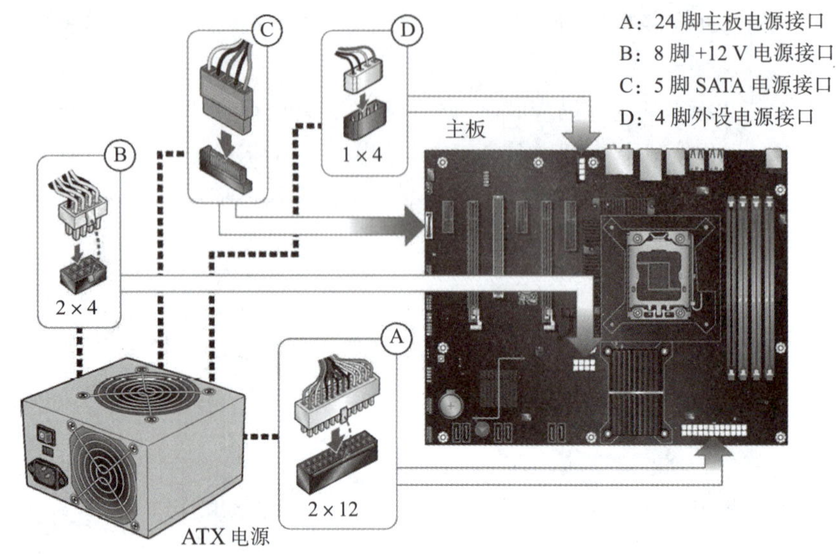

图 1-9　ATX 电源线路在主板中的安装

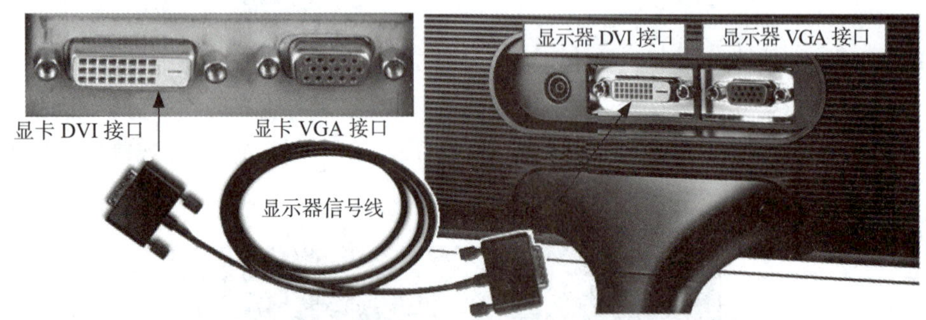

图 1-10　显示器与主机之间信号线的连接示意图

SIO（超级输入 / 输出）接口都采用了防呆设计，一般不会插反，如图 1-11 所示。台式计算机的接口集中在主机箱后部，每个插座上都标记了不同的颜色。SIO 接口都采用了防呆设计，一般不会插反。SIO 接口主要有连接键盘接口或鼠标的 PS/2 接口、连接 USB 设备的接口、连接高清电视的 HDMI 接口、连接数字音频设备的 SPDIF 接口、连接数字信号显示器的 DVI 接口、连接模拟信号的 VGA 接口、连接数码摄影机的 IEEE 1394 接口、连接外置硬盘的 eSATA 接口、连接网络的 RJ-45 接口、连接音频设备的接口等，如图 1-11 所示。

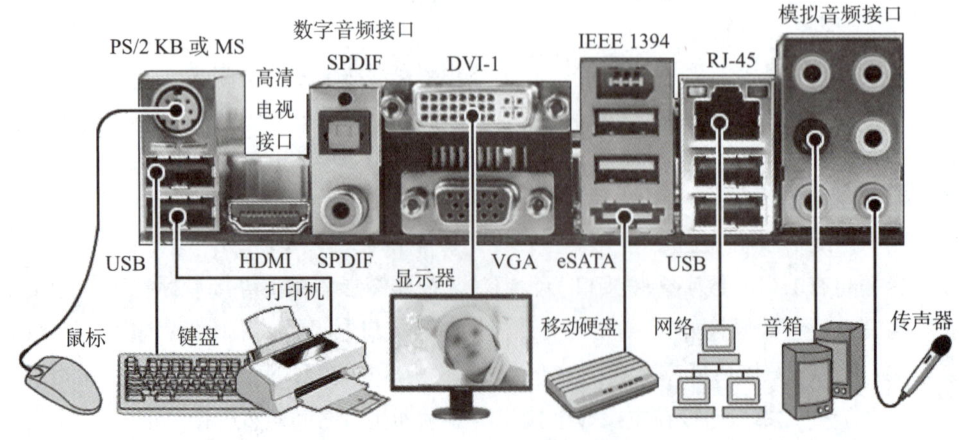

图 1-11　主机后部的 SIO 接口

步骤 3：计算机与网络的连接。用户采用以太网接入因特网时，需要一根两头为 RJ-45 接头的双绞线。

双绞线一端接到房间的 RJ-45 插座，另外一端接到主机后部的 RJ-45 插座即可，如图 1-12 所示。

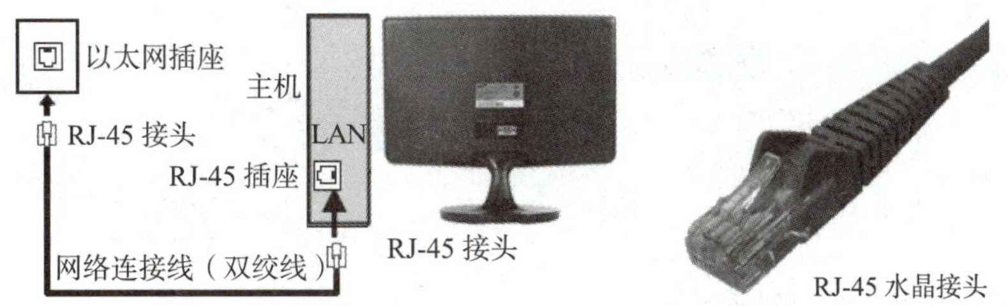

图 1-12　主机与网络的连接方法

步骤 4：音频设备与主机的连接。台式计算机都集成了声卡设备。声卡可以达到八声道模拟音频输出，四声道模拟音频输入。模拟音频的输入和输出采用 3.5 mm 的圆形接口，每个接口有两路模拟音频信号输入 / 输出。数字音频比模拟音频具有更加纯净的音质，而且可以在一条线路上串行传输多个声道的信号。部分计算机带有 SPDIF（数字音频接口），但是数字音频的扬声器和传声器价格较高，因此数字音频接口应用并不广泛。如图 1-13 所示，多声道声卡与扬声器的连接有模拟音频和数字音频两种连接方法。

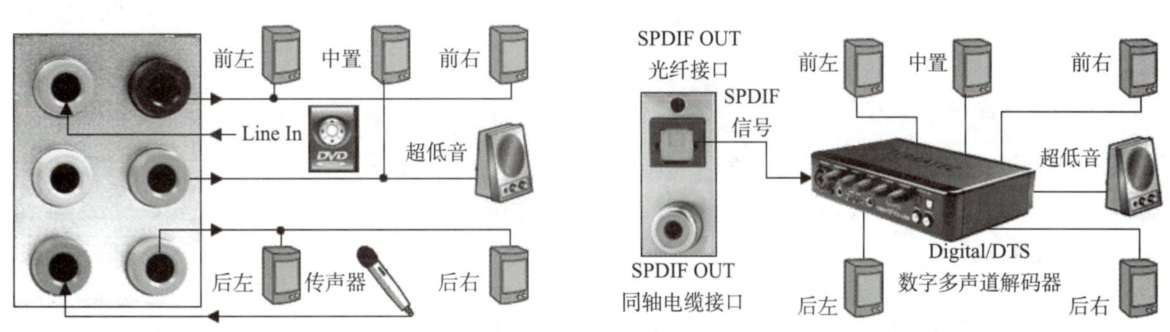

（a）模拟音频方式传输多声道信号　　（b）SPDIF 数字音频方式传输多声道信号

图 1-13　声卡与扬声器的连接方法

步骤 5：音频设备与主机的连接。主机与外围设备之间的接线可以分为信号线与电源线。信号线的布置应当尽量避免干扰信号源，如电视机、音响设备；电源线的布置应当注意安全性。所有接线都应当接触良好，以便于维护。台式计算机的整体接线示意图如图 1-14 所示。

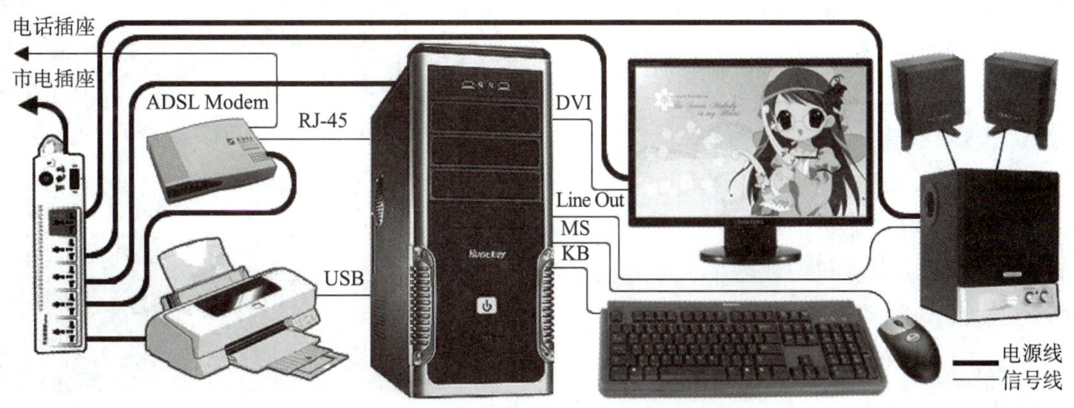

图 1-14　台式计算机的整体接线示意图

实验思考

（1）如何快速排查计算机组装过程中出现的问题？

（2）如何对组装好的计算机进行性能检测？

综合实验　解决计算机蓝屏故障

实验目的

（1）认识计算机的主要组成部件。

（2）了解引起计算机蓝屏的原因。

（3）掌握解决计算机蓝屏的方法。

实验内容

（1）了解计算机各个部件的功能。

（2）了解引起计算机蓝屏的原因。

（3）掌握解决计算机蓝屏故障的方法。

实验步骤

在日常启动或使用过程中，计算机可能会出现各种问题，如运行速度变慢、提示内存不足、打开文件报错等，其中出现蓝屏是非常典型的一种现象。它可能会导致计算机无法正常启动，或使得正在进行的工作中断、正在使用的资料未经保存就丢失，下面主要介绍计算机蓝屏故障的解决方法。

1. 硬件接触不良

步骤1：检查接口，确认是否为接口松动导致蓝屏。

步骤2：切断计算机电源，插拔内存，也可使用橡皮擦拭其金属位置。

步骤3：可以将主板进行放电处理，恢复主板默认设置。

步骤4：将蓝屏代码进行对比，排查故障是否是由于内存的数据错误导致出现蓝屏。

2. 软硬件不兼容

操作提示：如果反复开机遇到如图1–15所示的提示时，就需要考虑到是否因为设备冲突、软件不兼容导致蓝屏。

图1–15　兼容性引起蓝屏示意图

步骤1：检查是否有近期新安装的软件或者硬件。

步骤2：进行卸载后重新安装，注意升级相应的驱动程序，注意避免热键冲突。

3. 计算机温度过高

计算机内部硬件温度过高也是计算机蓝屏现象发生比较常见的一种原因，这种情况多数出现在炎热的夏天，CPU温度过高导致的居多，再加上计算机的散热性不佳，出现蓝屏的概率也会更高一些。

步骤1：采用测试软件对计算机的各项硬件温度进行测试，如图1–16所示。

步骤2：切断计算机电源，检查主机箱内是否有较多的灰尘、扇叶是否启动不良、CPU硅脂是否需要替换，分别进行清理或替换。

4. 计算机内存过小

当计算机内存过小时，应用软件会频繁访问硬盘，致使硬盘需要频繁整理碎片，这种情况很容易导致硬盘坏道，计算机会出现蓝屏现象。

步骤 1：先检测硬盘坏道情况，如果硬盘出现大量坏道，建议备份数据，更换硬盘。

步骤 2：如果出现坏道比较少，建议备份数据，重新格式化分区磁盘。

5. 查找系统原因

关机时，如果系统文件丢失，或者损坏都会造成蓝屏现象。特别是注册表，只要有一点细小的问题，都有可能导致计算机故障发生，如图 1-17 所示。此时，可以将蓝屏代码记下，到网站搜索不同蓝屏代码的原因。

步骤 1：使用安全模式启动计算机后，再重启到正常模式，检查故障是否仍存在。

步骤 2：如故障仍存在，则用备份的注册表文件夹恢复注册表。

步骤 3：如故障仍存在，重新安装操作系统。

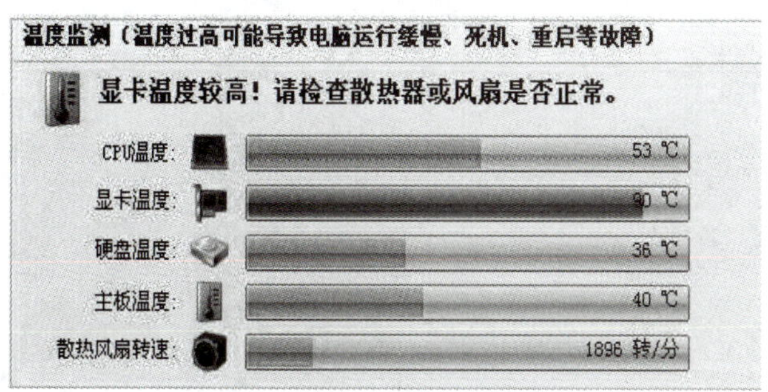

图 1-16　计算机温度测试示意图

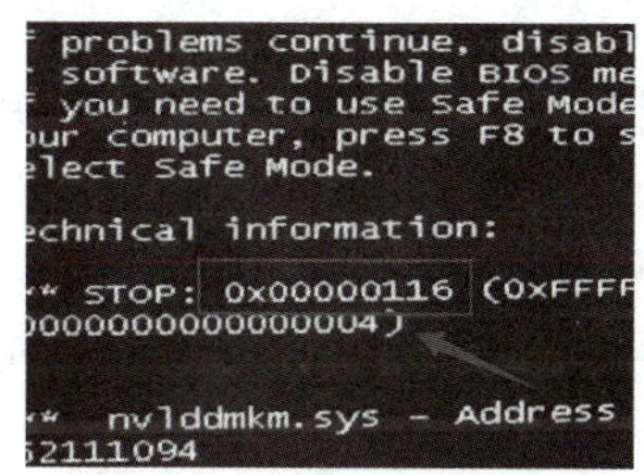

图 1-17　计算机蓝屏码示意图

实验思考

（1）计算机出现故障，大致的处理流程是什么？

（2）如果计算机音频出现了故障，该如何解决呢？

第2章 操作系统

基础实验 2.1 Windows 7 基本操作

实验目的

（1）熟悉 Windows 7 桌面的组成。

（2）掌握任务栏的作用和操作。

（3）熟悉 Windows 7 窗口的组成及操作。

（4）熟悉剪贴板的功能和使用。

（5）熟练掌握汉字及各种字符的输入方法。

实验内容

（1）认识桌面上的各个组成部分，使用任务栏进行当前窗口的切换和排列窗口的位置。

（2）窗口的移动、放大、缩小、关闭等基本操作。

（3）使用“开始”菜单运行应用程序。

（4）使用剪贴板在写字板和画图之间进行信息的传递。

（5）使用一种输入方法输入汉字并使用软键盘来输入各种特殊的字符。

实验步骤

1. 桌面组成及任务栏的作用

步骤 1：接通电源，启动 Windows 7，屏幕上显示 Windows 7 的桌面，如图 2–1 所示。

Windows 7 的桌面由三部分组成，分别是桌面图标、开始按钮和任务栏。

步骤 2：观察任务栏是否在屏幕的底部。将鼠标指针移动到任务栏的空白处，拖动任务栏到屏幕的顶部后松开鼠标，这时任务栏被移到屏幕的顶部，然后再将任务栏分别拖动到屏幕的左边和右边。

步骤 3：分别双击桌面上“计算机”、“用户文档”和“回收站”图标，分别打开这三个窗口，这时，可以看到打开的程序名称显示在任务栏上。

步骤 4：分别单击任务栏上的名称“计算机”、“用户文档”和“回收站”，相应的窗口就被切换为当前窗口，同时注意到当前窗口的标题栏颜色要醒目一些。

步骤 5：右击任务栏的空白区域，打开快捷菜单，如图 2–2 所示。

步骤 6：选择“层叠窗口”命令，观察这三个窗口在屏幕上的排列方式。

步骤 7：分别选择快捷菜单中的“堆叠显示窗口”和“并排显示窗口”命令，观察这三个窗口在屏幕上的排列方式。

图 2–1　Windows 的桌面

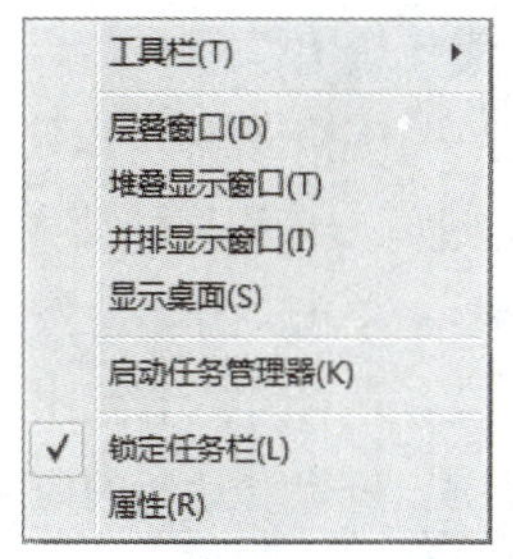

图 2–2　排列窗口的快捷菜单

2. 窗口的组成与操作

步骤 1：选择“开始”→“所有程序”→“附件”→“Windows 资源管理器”命令，打开“资源管理器”窗口，如图 2–3 所示。

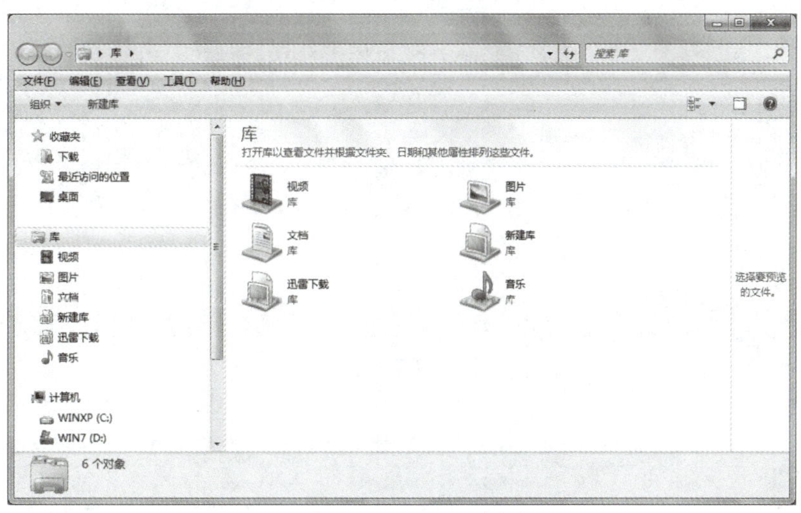

图 2–3　“资源管理器”窗口

步骤 2：移动窗口。拖动窗口的标题栏，在拖动过程中注意窗口的虚框同步移动，当移动到某一位置时松开鼠标，这时窗口被移动到新的位置。

步骤 3：改变窗口大小。将鼠标指针移动到窗口的某个边框，当指针形状变为双箭头时，拖动鼠标，移动边框到某个位置后释放鼠标，即可改变窗口的大小。将鼠标指针移动到窗口的拐角处，拖动鼠标，同时移动相邻两边的位置改变大小，观察窗口大小的变化。

步骤 4：最小化和最大化，单击窗口标题栏上的“最小化”按钮，窗口在屏幕上消失，仅在任务栏上显示该程序的名称。

单击任务栏上该程序的名称，将窗口还原为原来的大小。

单击窗口标题栏上的“最大化”按钮，窗口扩大到整个屏幕，这时原来的“最大化”按钮的位置变为“向下还原”按钮，观察此按钮的形状。

单击“向下还原”按钮，将窗口还原为原来的大小。

步骤 5：导航区和工作区。窗口由左右两部分组成，左边是导航区，右边是工作区，拖动中间的分隔线，可以改变这两部分的比例。单击导航区中的某个图标，例如盘符或文件夹，工作区会显示该盘或文件夹下的内容。

步骤 6：使用滚动条。观察窗口中是否出现滚动条，如果没有出现，减小窗口的尺寸即可使其出现。单击滚动条中的滚动按钮或拖动滚动条中的滚动框，注意窗口显示内容的变化。

3. 运行应用程序

运行一个应用程序可以使用“开始”→“所有程序”命令，如果在桌面上为某个应用程序建立了快捷方式，也可以通过双击该程序快捷方式对应的图标运行程序。前一种操作方法如下：

步骤 1：单击“开始”按钮，打开“开始”菜单。

步骤 2：选择“所有程序”命令，打开命令菜单。

步骤 3：选择要运行的应用程序，如 Microsoft Word，打开相应的应用程序窗口。

4. 剪贴板的使用

下面使用剪贴板分别将图形和文本在“写字板”和“画图”两个程序之间进行传递。操作步骤如下：

步骤 1：选择“开始”→“附件”→“写字板”命令，启动写字板程序，如图 2-4 所示。

步骤 2：选择“开始”→“附件”→“画图”命令，启动画图程序，如图 2-5 所示。

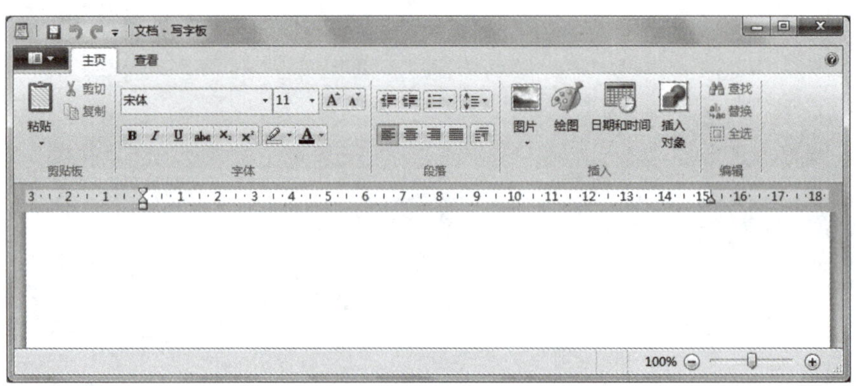

图 2-4 “写字板”窗口

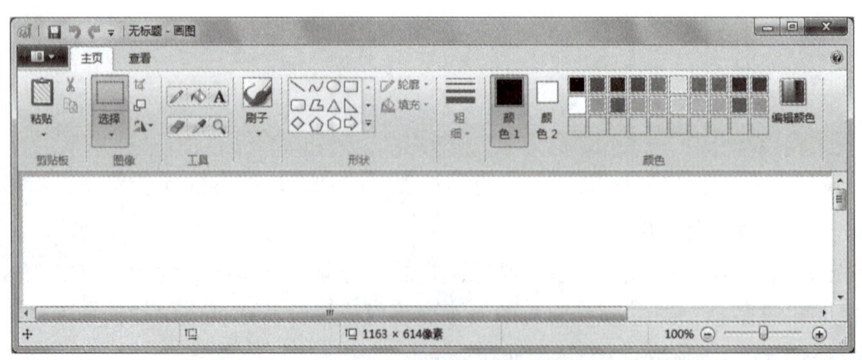

图 2-5 “画图”窗口

步骤 3：在“画图”窗口中画一个任意形状的图形，使用“图像”组中“选择”下拉列表中的“选择形状”工具将上面画的图形圈起来。

步骤 4：单击“剪切”按钮，这时，刚选中的图形在画图窗口中消失，被传递到剪贴板。

步骤 5：单击任务栏上的“写字板”名称，将“写字板”窗口切换为当前窗口，单击“粘贴”按钮，刚才所画的图形即可粘贴到“写字板”中。

步骤 6：在“写字板”窗口的正文区内输入文字：“欢迎新同学”。

步骤 7：选中所输入的文字，单击“复制”按钮，刚选中的文字被复制到剪贴板。

步骤 8：切换到“画图”窗口，单击“粘贴”按钮，复制到剪贴板中的文字以图形的方式粘贴到“画图”窗口中。

步骤 9：按【PrtScn】键将整个屏幕作为图形复制到剪贴板中，在“画图”窗口中，单击“粘贴”按钮，复制到剪贴板中的图形粘贴到“画图”窗口中。

步骤 10：按【Alt+PrtScn】组合键，将当前窗口或对话框复制到剪贴板中，在“画图”窗口中，单击“粘贴”按钮，复制到剪贴板中的图形粘贴到画图窗口中。

步骤 11：分别双击这两个窗口的“关闭”按钮，关闭这两个程序。

5. 汉字和特殊字符的输入

输入汉字和字符，可使用“开始”菜单中的“写字板”程序。

步骤 1：从任务栏右侧选择所需的汉字输入法，如图 2–6 所示。

步骤 2：这里选择“智能 ABC 输入法”，屏幕上出现输入状态栏，如图 2–7 所示。

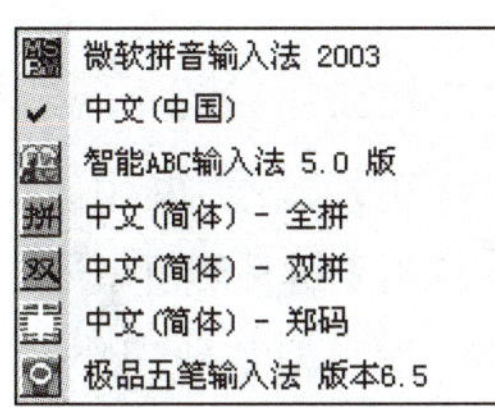

图 2–6　切换输入法

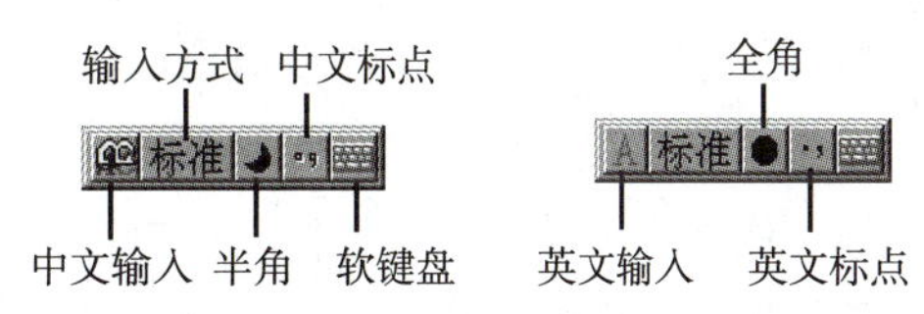

图 2–7　输入法工具栏上的按钮

步骤 3：在写字板窗口中，将光标定位在文字的插入点处。

步骤 4：将键盘设在小写状态下，分别用以下方法输入汉字。

① 单字输入：输入某个汉字的完整拼音，例如“中”的拼音“zhong”，然后在重码区中进行选择。

② 词组输入：输入某个词的拼音，例如“中国”的拼音“zhongguo”，然后按空格键，可以直接输入词组，省去对每个字进行二次选择。

③ 输入拼音时可以使用全拼、简拼或混拼的方法，例如，输入“计算机”一词时，混拼时可以输入 jisj、jsuanj 或 jisuanj 等。

步骤 5：单击图中的“中文输入”按钮，该按钮显示为字母 A，这时，键盘临时切换为英文输入，再次单击该按钮时，键盘又切换为中文输入。

步骤 6：单击“半角 / 全角”按钮，使键盘处于半角状态，从键盘输入若干个字母和数字，观察它们在屏幕上显示的形状。

步骤 7：再次单击该按钮，使键盘处于全角状态，重新输入若干个字母和数字，对比全角和半角状态下字母、数字显示宽度的不同。

步骤 8：单击标点符号按钮，观察形态的变化，分别在中文和英文标点符号状态下输入标点符号，观察它们的不同显示，同时查找一下汉语中顿号“、”在哪个按键上。

步骤 9：单击状态栏最右边的“键盘”按钮，在屏幕上打开软键盘，通过软键盘输入文字，再次单击此按钮可关闭软键盘。

（1）任务栏的作用有哪些？

（2）剪贴板的作用是什么？主要操作有哪些？

基础实验 2.2 管理文件和文件夹

实验目的

（1）掌握文件和文件夹的操作。

（2）掌握搜索文件或文件夹的方法。

实验内容

（1）在资源管理器中进行文件和文件夹的创建、移动、复制、删除、查看属性、创建快捷方式等操作。

（2）搜索文件名以 lx 开头的所有文件。

实验步骤

1. 文件和文件夹的操作

步骤 1：选择文件和文件夹，分别完成以下操作，在文档窗口中练习文件和文件夹的不同选择方法。

① 选择单个文件或文件夹。在文件窗口中单击某个文件或文件夹，被选中的文件呈反相显示。

② 选择连续的多个文件。在文件窗口中先单击第一个文件，然后按住【Shift】键后再单击最后一个文件。

③ 选择非连续的多个文件。在文档窗口中单击第一项，按住【Ctrl】键后再单击其他每个选项。

④ 选择"编辑"→"全选"命令，可以选中当前文件夹中全部的文件和文件夹。

⑤ 按住【Ctrl】键后单击已选择的某个文件，则取消对该文件的选择。

⑥ 单击被选中区域之外的其他任意地方，可以取消所选择的全部文件和文件夹。

对文件进行的操作可以使用"文件"菜单或快捷菜单，如图 2–8 所示。

图 2–8 "文件"菜单和快捷菜单

步骤 2：新建文件和文件夹，为后面的操作做好准备。

① 在目录窗口中单击 D 盘图标。

② 选择“文件”→“新建”→“文件夹”命令，建立一个名为“新建文件夹”的文件夹。

③ 向名称框内输入文件夹名 lx1 后按【Enter】键。

④ 重复步骤①~③建立第二个文件夹 lx2。

⑤ 在文档窗口中双击“lx1”图标打开此文件夹。

⑥ 选择“文件”→“新建”→“文本文档”命令，在 lx1 文件夹下建立一个名为“新建文本文档”的空白文本文件。

⑦ 向名称框内输入文件名 lx1 后按【Enter】键。

⑧ 重复步骤⑥~⑦分别建立空白的图像文件 lx2 和空白的 Word 文件 lx3。

步骤 3：移动文件，在复制或移动文件、文件夹时都可以利用剪贴板或鼠标拖动的方法。

① 选择 lx1 文件夹下的文件 lx1。

② 拖动 lx1 到目录窗口中的 lx2 文件夹时松开鼠标，将 lx1 文件移动到 lx2 文件夹。

③ 双击文档窗口中的 lx2 文件夹，此文件夹下已存有 lx1 文件。

④ 单击选择 lx1 文件。

⑤ 选择“编辑”→“剪切”命令。

⑥ 双击目录窗口中的 lx1，打开此文件夹。

⑦ 选择“编辑”→“粘贴”命令，将文件 lx1 重新移动到 lx1 文件下。

步骤 4：复制文件。

① 选择 lx1 文件夹下的文件 lx1。

② 按住【Ctrl】键后单击文件 lx2 选择第 2 个文件。

③ 按住【Ctrl】键后，将选中的文件拖动到目录窗口中的 lx2 文件夹时松开鼠标，将这两个文件复制到 lx2 文件夹。

④ 双击 lx2 文件夹，可以看到此文件夹下已有 lx1 和 lx2 两个文件。

步骤 5：删除文件。删除文件或文件夹时，可以使用菜单命令，也可以将其直接拖放到回收站中。

① 选择 lx2 文件夹下的 lx1 文件。

② 选择“文件”→“删除”命令，出现“删除文件”对话框，如图 2-9 所示。

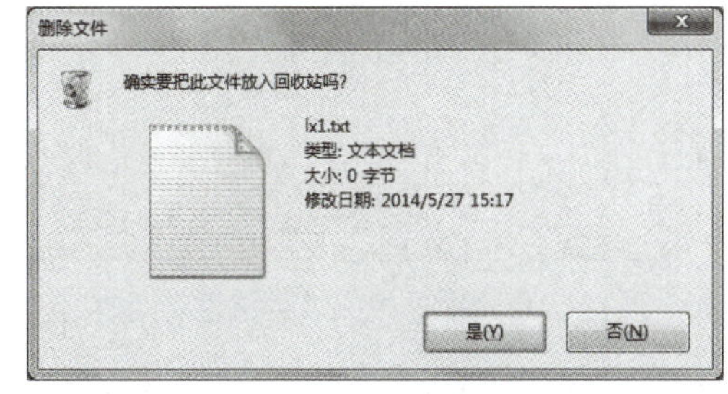

图 2-9　“删除文件”对话框

③ 单击“是”按钮将此文件删除。

④ 选择 lx2 文件夹下的 lx2 文件。

⑤ 拖动该文件到目录窗口中的“回收站”图标后释放鼠标，出现“删除文件”对话框。

⑥ 单击“是”按钮，将此文件删除。

⑦ 双击桌面上的“回收站”图标打开该程序窗口，可以看到刚才被删除的文件出现在“回收站”窗口中。

可见，回收站用来存放已删除的文件或文件夹信息。

步骤 6：创建桌面快捷方式。

① 双击目录窗口中的 lx1，打开此文件夹。

② 选择 lx1 文件夹下的文件 lx1。

③ 选择“文件”→“发送到”→“桌面快捷方式”命令，为文件 lx1 创建桌面快捷方式。

④ 将“资源管理器”窗口最小化，这时在屏幕上可以看到已经创建的桌面图标。

⑤ 双击此图标，系统先打开记事本程序，然后在此程序中打开 lx1 文件。
⑥ 关闭记事本程序。
⑦ 在屏幕上还原“资源管理器”窗口。
步骤 7：文件重命名。
① 单击目录窗口中的文件夹 lx1，打开此文件夹。
② 选择 lx1 文件夹下的文件 lx3。
③ 选择“文件”→“重命名”命令，文件名方框变为可编辑状态。
④ 向文件名框内输入新名 lx4，然后按【Enter】键。
步骤 8：显示文件和文件夹的属性。
① 选择 lx1 文件夹下的文件 lx4。
② 选择“文件”→“属性”命令，打开文件属性对话框，如图 2-10 所示。
③ 分别单击对话框中的“安全”和“详细信息”选项卡，观察该文件的安全和详细信息有哪些内容。
④ 单击“确定”按钮，关闭属性对话框。
⑤ 回到上一级文件夹，选择文件夹 lx1。
⑥ 选择“文件”→“属性”命令，打开文件夹属性对话框，如图 2-11 所示。

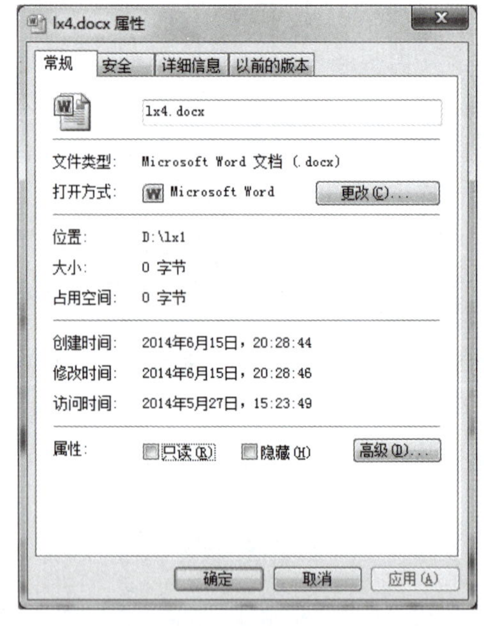

图 2-10　文件属性对话框

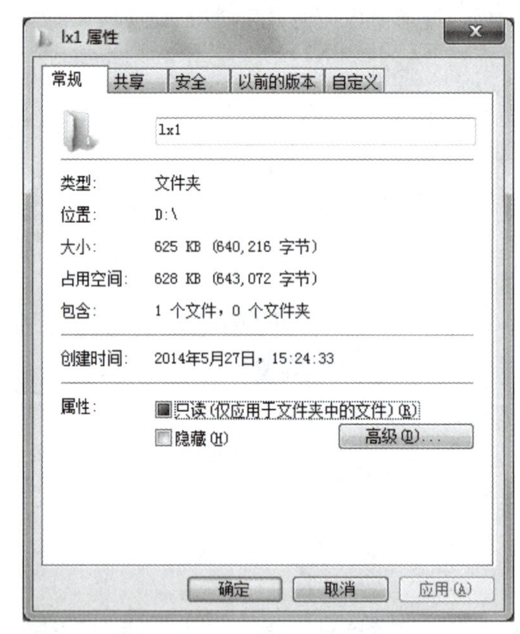

图 2-11　文件夹属性对话框

⑦ 分别单击对话框中的“共享”和“安全”选项卡，观察该文件的共享和安全有哪些内容。
⑧ 单击“确定”按钮关闭属性对话框。
步骤 9：打开文件和文件夹，可以使用菜单命令和双击鼠标的方法。
① 右击文件夹 lx1，在弹出的快捷菜单中选择“打开”命令，显示文件夹 lx1 的内容。
② 双击文件夹 lx1，在资源管理器右窗格中显示该文件夹的内容。
③ 在目录窗口中单击 c:\windows\system32 文件夹，选择 calc.exe 文件，这是一个计算器的应用程序。
④ 选择“文件”→“打开”命令，打开该程序的运行窗口。
⑤ 在当前文件夹下，新建一个名为 lx5 的空白的文本文件，并选中该文件。
⑥ 选择“文件”→“打开”命令，显示 lx5 的内容，关闭“记事本”窗口。

⑦ 在当前文件夹下，新建一个名为 lx6 的空白的 bmp 图像文件，并选中该文件。

⑧ 选择“文件”→“打开”命令，系统会打开 Windows 附件中的“画图”程序，并在此程序中显示 lx6 的内容。

⑨ 关闭“画图”程序窗口。

从步骤⑤ ~ ⑨的操作可以看出，打开一个文档文件时，首先运行与该文档相关联的程序，然后在此程序中打开文档。

2. 查找文件或文件夹

资源管理器窗口中的搜索工作仅在当前的目录内进行，如果要想在某个特定的磁盘或文件夹下搜索内容，则需要先进入该磁盘或文件夹目录下。

下面查找文件名以 lx 开头的所有文件，操作步骤如下：

步骤 1：在目录窗口中选择 D 盘。

步骤 2：搜索框位于资源管理器窗口的右上方顶部，向搜索框输入查找内容 lx*，该内容中带有通配符，表示以 lx 开始的所有文件和文件夹。

在搜索文本框中，搜索的文件或文件夹名称中可以使用通配符“?”代替任何一个字符，也可以用“*”代替任意多个字符。

输入搜索内容后，资源管理器就开始进行搜索，每搜索到一个结果，在文档窗口中就会显示出搜索到的内容，即本次实验创建的所有以 lx 开头的文件和文件夹。

对搜索到的结果可以进行各种操作，如重命名、移动、复制或删除等。

实验思考

（1）在“资源管理器”窗口的“查看”菜单中，可以使用几种显示方式，这些显示方式之间有什么不同？

（2）总结选择文件和文件夹的不同方法。

基础实验 2.3　快捷方式和控制面板

实验目的

（1）理解快捷方式的含义并掌握快捷方式的创建方法。

（2）了解控制面板中可以进行的属性设置。

（3）掌握控制面板中常用设置，如显示器、鼠标和日期时间的操作方法。

（4）掌握控制面板中创建用户账户的基本方法。

实验内容

（1）在桌面上为“计算器”程序创建快捷方式。

（2）在“开始”菜单中为“计算器”程序创建快捷方式。

（3）设置显示器的常用属性，包括背景、屏幕保护、外观等。

（4）使用控制面板改变系统的日期和时间。

（5）创建用户名为 student 的账户，并设置密码。

1. 在桌面上创建快捷方式

在桌面上为“计算器”程序创建快捷方式，该程序文件名为 calc.exe，保存在 C 盘的“\WINDOWS\system32”文件夹中。操作步骤如下：

步骤 1：打开资源管理器程序。

步骤 2：在资源管理器窗口的目录窗格中，选择 C 盘中的 Windows 文件夹，在显示的内容中再单击 system32。

步骤 3：在右边的文档窗口中选择文件 calc.exe，也就是要创建快捷方式的对象。

步骤 4：选择“文件”→“发送到”→“桌面快捷方式”命令，在桌面上为计算器程序创建一个快捷方式。

步骤 5：右击快捷方式图标，在弹出的快捷方式中选择“属性”命令，打开“属性”对话框，显示快捷方式的属性。

2. 在“开始”菜单中创建快捷方式

“开始”菜单的“所有程序”的“附件”中已经有程序 calc.exe 的快捷方式，这里直接在“程序”项下为该程序创建快捷方式。操作步骤如下：

步骤 1：在资源管理器窗口中，打开 C:\WINDOWS\system32 文件夹。

步骤 2：在文档窗口中选中 calc.exe。

步骤 3：选择“文件”→“附到「开始」菜单”命令，即可在“开始”菜单中为“计算器”创建快捷方式。

步骤 4：打开“开始”菜单，可以看到“计算器”程序的快捷方式已经加到了开始菜单中，选择该命令，可以打开计算器程序。

步骤 5：打开“开始”菜单，右击“计算器”程序，在弹出快捷菜单中执行“从「开始」菜单解锁”命令，该程序的快捷方式即可从“开始”菜单中取消。

3. 设置显示属性

步骤 1：将屏幕分别设置为不同的主题。

① 选择“开始”→“控制面板”命令，打开“控制面板”窗口，如图 2-12 所示。

图 2-12 “控制面板”窗口

② 单击窗口中的“外观和个性化”选项，控制面板显示内容如图 2-13 所示。通过该选项可以设置的属性有个性化、显示、桌面小工具、任务栏和「开始」菜单、轻松访问中心、文件夹选项、字体等。

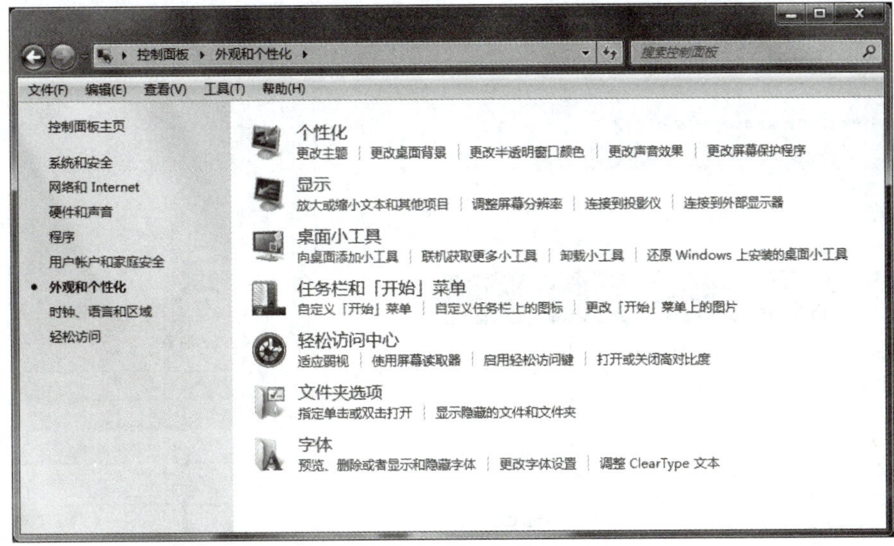

图 2–13　“外观和个性化”窗口

③ 单击“个性化”中的“更改主题”选项，打开如图 2–14 所示窗口。

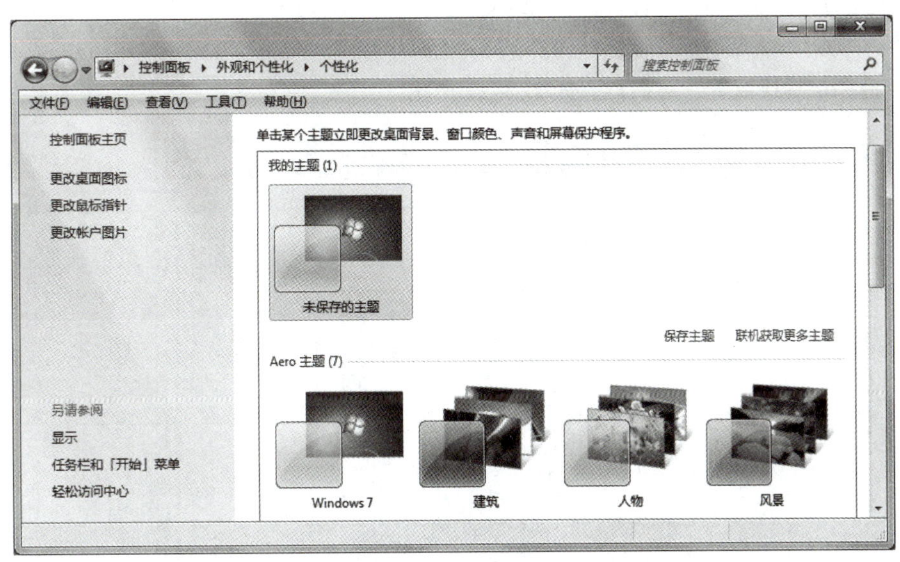

图 2–14　更改主题窗口

④ 窗口的右边列出了各种不同的主题，如 Windows 7、建筑、人物等，分别选择每个主题，观察屏幕背景的变化。

⑤ 将主题恢复为原来的“Windows 7”。

步骤 2：设置桌面背景显示效果。

① 单击控制面板窗口右上方的“返回到”按钮，回到图 2–13 所示的窗口。

② 单击“个性化”中的“更改桌面背景”选项，打开如图 2–15 所示窗口。

③ 窗口的列表框中列出了可供选择的不同的背景图形，单击某个背景，屏幕上会自动预览该背景的效果；单击“浏览”按钮，可以在打开的“浏览文件夹”对话框（见图 2–16）中选择用于背景图片的文件所在的文件夹。

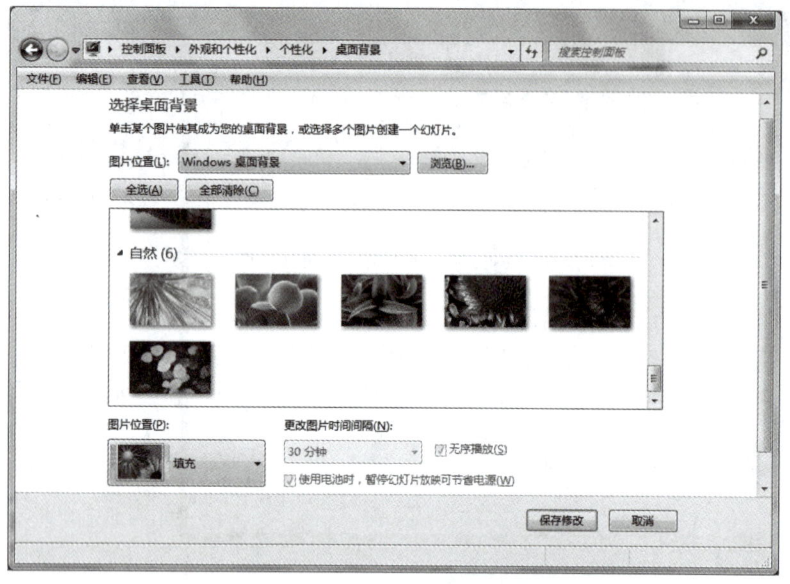

图 2–15　选择桌面背景窗口

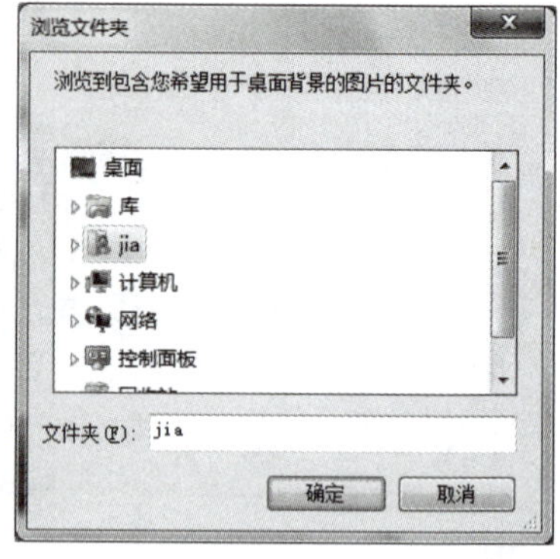

图 2–16　“浏览文件夹”对话框

步骤 3：设置屏幕保护程序。

① 单击窗口右上方的“返回到”按钮，回到图 2–13 所示窗口，单击“个性化”中的“更改屏幕保护程序”选项，打开“屏幕保护程序设置”对话框，如图 2–17 所示。

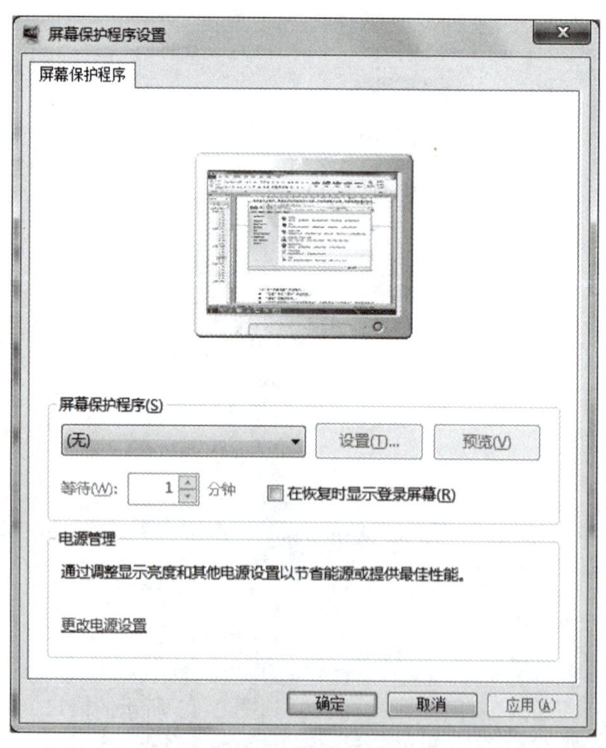

图 2–17　“屏幕保护程序设置”对话框

② 在“屏幕保护程序”下拉列表框中选择“三维文字”。

③ 在对话框中单击“设置”按钮，打开“三维文字设置”对话框，如图 2–18 所示。

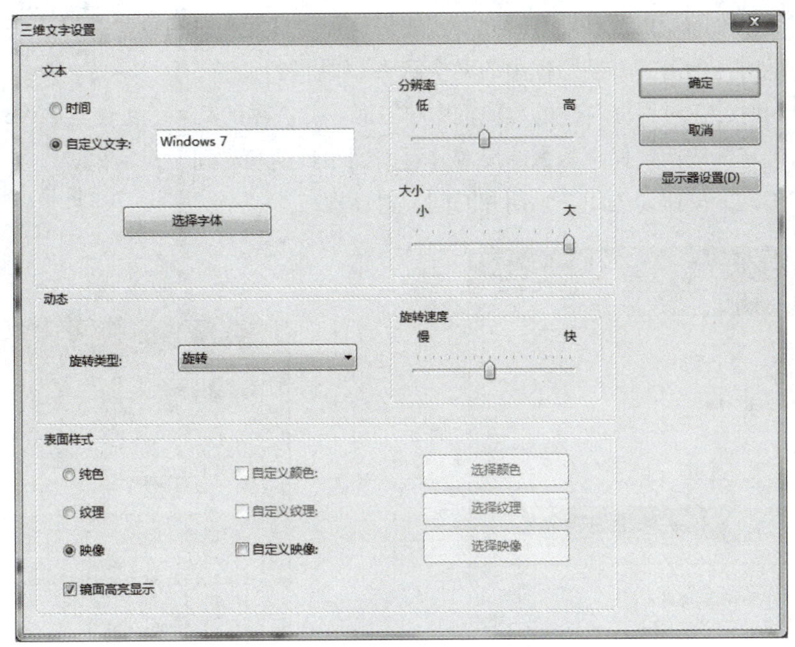

图 2-18　“三维文字设置”对话框

④ 在“三维文字设置”对话框中可进行如下设置：

- “文本”选项中选中“自定义文字”单选按钮，然后在文本框中输入“计算机技术”。
- 在“旋转类型”下拉列表框中选择“旋转”。
- 将“旋转速度”调整到中间。
- 必要时单击“选择字体”按钮，在打开的对话框中设置文字格式。
- 设置后，单击“确定”按钮返回到“屏幕保护程序”对话框。

⑤ 在“等待”数值框中将等待时间设置为 1 分钟，可以单击“预览”按钮，在屏幕上预览显示实际设置的效果，然后按任意键返回到对话框。

⑥ 单击“确定”按钮，关闭对话框。

此后，不使用键盘或鼠标，等待 1 分钟后，刚才设置的屏幕保护程序就会自动开始运行。

4. 显示和设置系统的日期和时间

步骤 1：在“控制面板”窗口中单击“时钟、语言和区域”选项，打开如图 2-19 所示窗口。

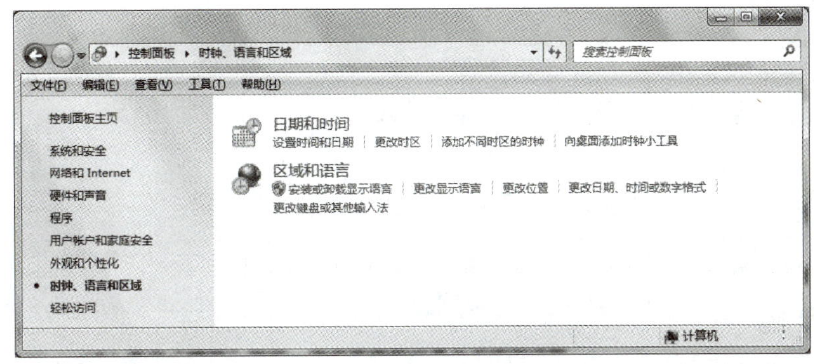

图 2-19　“时钟、语言和区域”窗口

步骤 2：在窗口中单击“设置时间和日期”选项，打开“日期和时间”对话框，如图 2-20 所示。

步骤 3：对话框中有三个选项卡，其中“日期和时间”选项卡用来显示日期和时间。

步骤 4：单击对话框中的“更改日期和时间”按钮，打开“日期和时间设置”对话框，如图 2-21 所示。

步骤 5：设置日期时，单击“日期”框中的两个箭头◂和▸进行调整。

步骤 6：调整时间时，在对话框右边的数值框中单击时、分、秒的某一个，然后单击增减按钮调整时间。

步骤 7：单击“确定”按钮，保存所做的设置并返回到“日期和时间”对话框。

步骤 8：单击“确定”按钮，关闭“日期和时间”对话框。

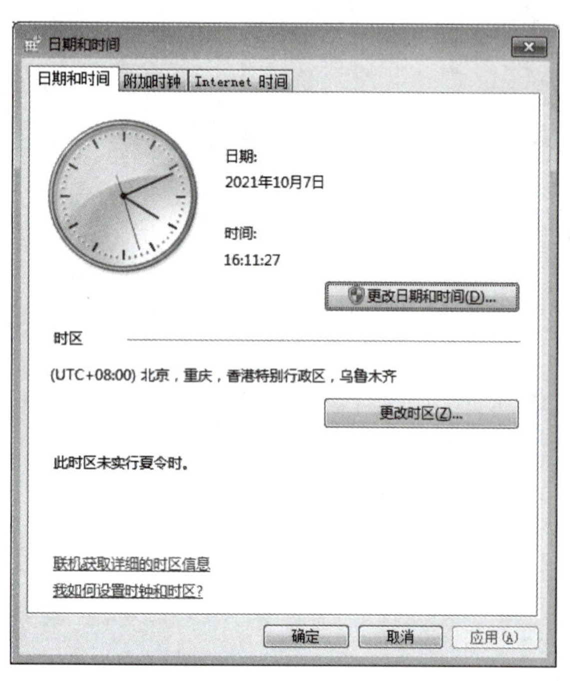

图 2-20 “日期和时间”对话框

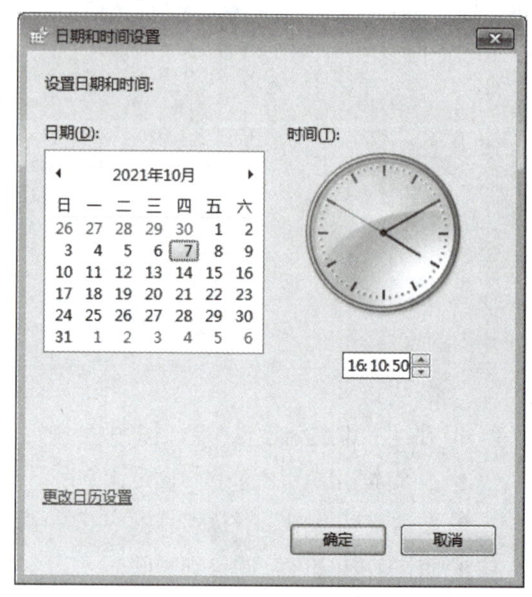

图 2-21 “日期和时间设置”对话框

5. 创建用户名为 student 的账户并将其密码设置为“123456”

步骤 1：选择“开始”→“控制面板”命令，打开“控制面板”窗口。

步骤 2：在“控制面板”窗口中，单击“用户账户和家庭安全”选项，打开如图 2-22 所示窗口。

图 2-22 “用户账户和家庭安全”窗口

步骤 3：在窗口中，单击“添加或删除用户账户”选项，显示下一步的内容，如图 2-23 所示。

步骤 4：单击窗口中的“创建一个新账户”选项，打开“创建新账户”窗口，如图 2-24 所示。

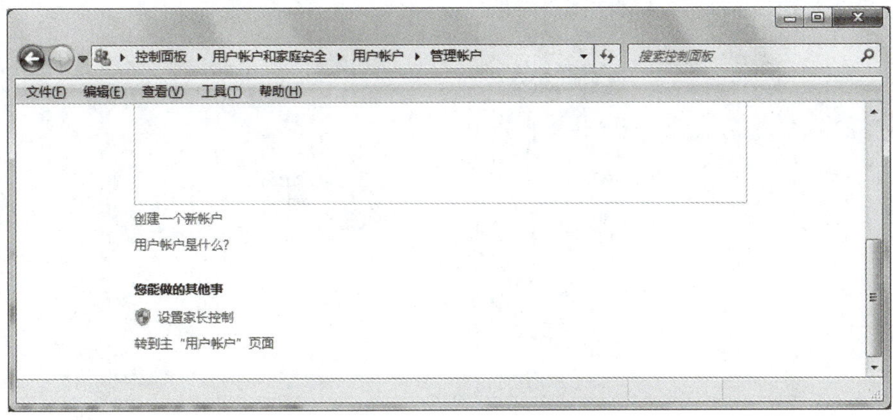

图 2-23　“管理账户”窗口

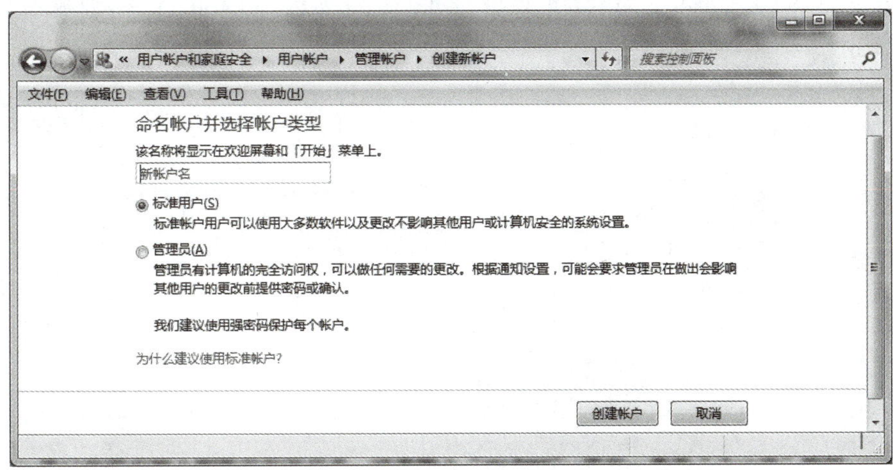

图 2-24　“创建新账户”窗口

步骤 5：窗口中提示输入新账户的用户名，这里输入 student。

步骤 6：“创建新账户”窗口中可以创建两类账户，“标准用户”和“管理员”，这里选择“标准用户”，然后单击“创建账户”按钮，可以看到，窗口中多了一个名为 student 的账户，如图 2-25 所示。

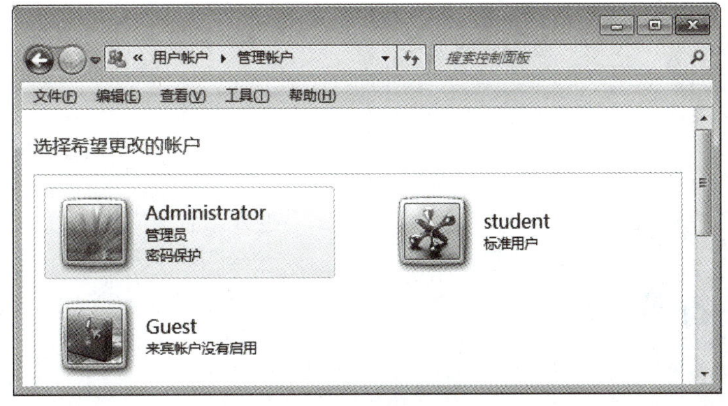

图 2-25　创建的新账户

步骤 7：单击窗口中的新账户 student，可以对该账户进行更改（见图 2-26），如更改名称、更改密码、更改图片、删除密码、删除账户等。

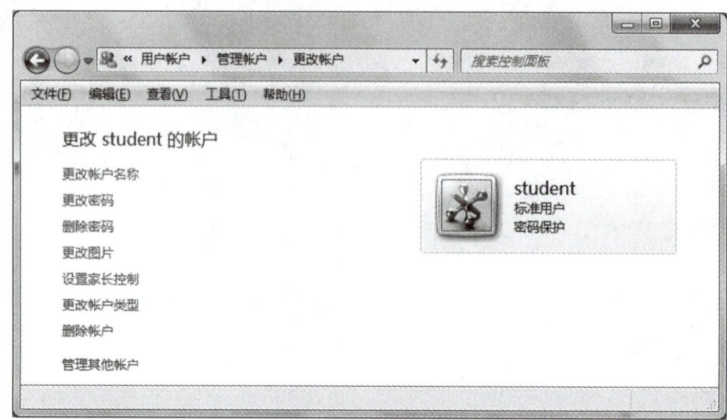

图 2–26　更改账户信息

步骤 8：单击“更改密码”选项，打开新的窗口，如图 2–27 所示。在此窗口中，要输入三项内容：

① 输入新密码。

② 确认新密码。

③ 输入作为密码提示的单词或短语。

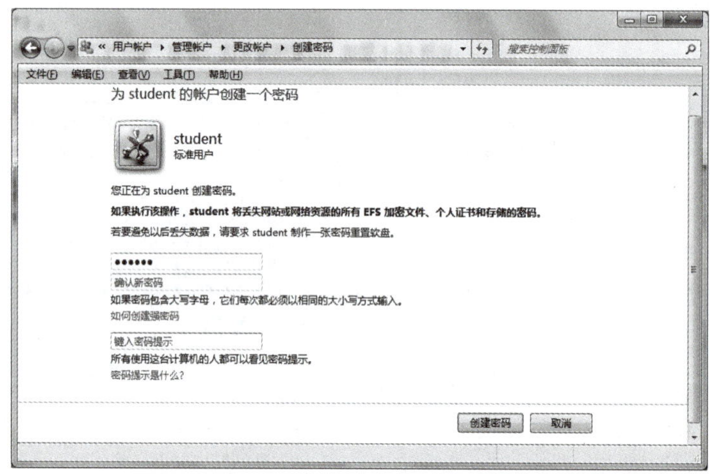

图 2–27　更改账户密码

步骤 9：单击“创建密码”按钮，密码创建完毕，单击“关闭”按钮关闭该窗口。

实验思考

（1）创建快捷方式的目的是什么？

（2）如何删除创建的新用户？

基础实验 2.4　设备管理

实验目的

（1）了解驱动程序的配置。

（2）掌握显示器设置方法。

（3）掌握磁盘整理方法。

实验内容

（1）检查设备驱动程序。

（2）调整显示器设置。

（3）多显示器输出。

（4）磁盘清理及碎片整理。

实验步骤

设备管理包括添加或删除打印机和其他硬件设备驱动程序、更新设备驱动程序、更改系统声音、自动播放 CD、节省电源等功能。它是管理、检查计算机硬件设备的系统管理工具。

1. 检查计算机主要设备驱动程序

步骤：右击“计算机”图标，在弹出的快捷菜单中选择“属性”命令，在打开的窗口中选择“设备管理器”选项，打开“设备管理器”窗口，如图 2-28 所示。

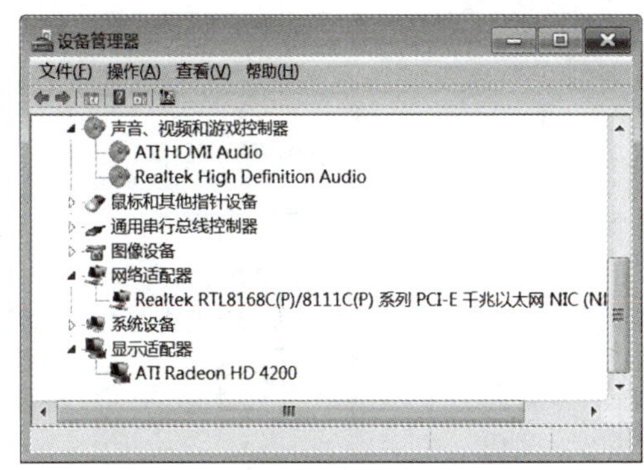

图 2-28　“设备管理器”窗口

2. 设置屏幕文字显示大小

步骤：在桌面空白处右击，在弹出的快捷菜单中选择“个性化”→“显示”，选择“中等 -125%”，单击“应用”按钮。

3. 设置屏幕窗口颜色背景颜色

步骤 1：在桌面空白处右击，在弹出的快捷菜单中选择“个性化”命令，在“设置”窗口中单击“窗口颜色”按钮，选择“高级外观设置”选项，在“项目”中选择“窗口”命令。

步骤 2：单击“颜色”下拉按钮，选择“其他”命令，设置“色调 85，饱和度 90，亮度 205”，单击“添加到自定义颜色”按钮，单击“确定”按钮，再次单击“确定”按钮。

进行以上操作后将“窗口”背景设成柔和的豆沙绿色。

4. 实现计算机和电视的连接

步骤 1：用信号线连接计算机和电视机。高档计算机显卡上一般有两个 DVI 输出接口，或 1 个 VGA 和 1 个 DVI 接口。现在的背投、等离子、液晶电视都有 VGA 或 DVI 接口，用信号线连接计算机显卡和电视机接口（如果电视机没有这些接口，就需要视频转换线）。

步骤 2：连线后，按【Win+P】组合键，选择“复制”命令，可以设置为双显示模式，如图 2-29 所示，投影仪也可如此设置。

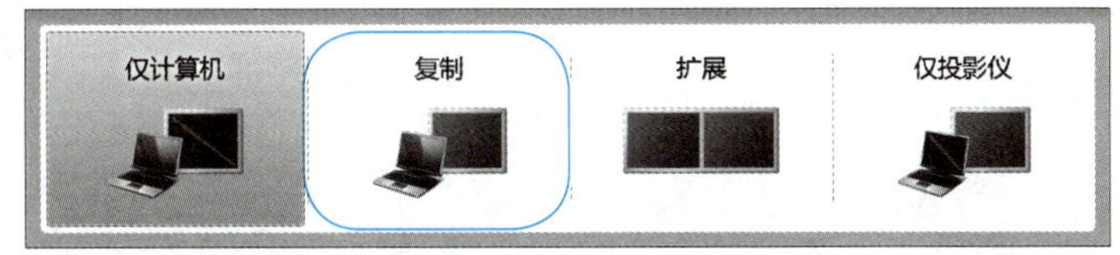

图 2-29　计算机与数字电视机的连接

5. 检查硬盘信息

步骤 1：磁盘清理工具的使用。

① 选择“开始”→“所有程序”→“附件”→“系统工具”→“磁盘清理”命令，打开“磁盘清理：驱动器选择”对话框。

② 选择要清理的驱动器，单击“确定”按钮，如图 2-30 所示。

③ 在打开的对话框中选择需要删除的文件类型，单击“确定”按钮即可。

步骤 2：磁盘碎片整理程序

① 选择“开始”→“所有程序”→“附件”→“系统工具”→“磁盘碎片整理程序”命令，打开“磁盘碎片整理程序”窗口，如图 2-31 所示。

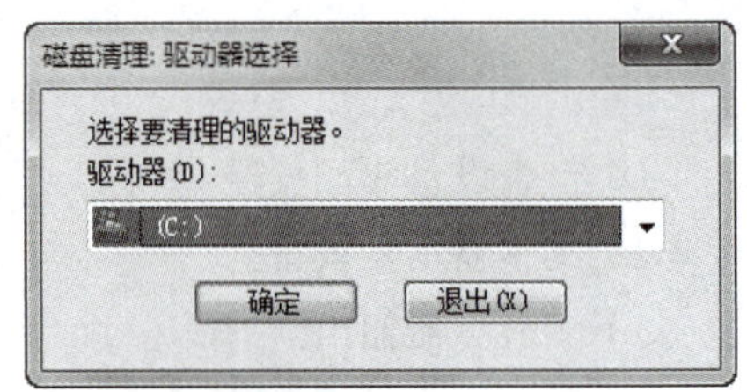

图 2-30　“磁盘清理：驱动器选择”对话框

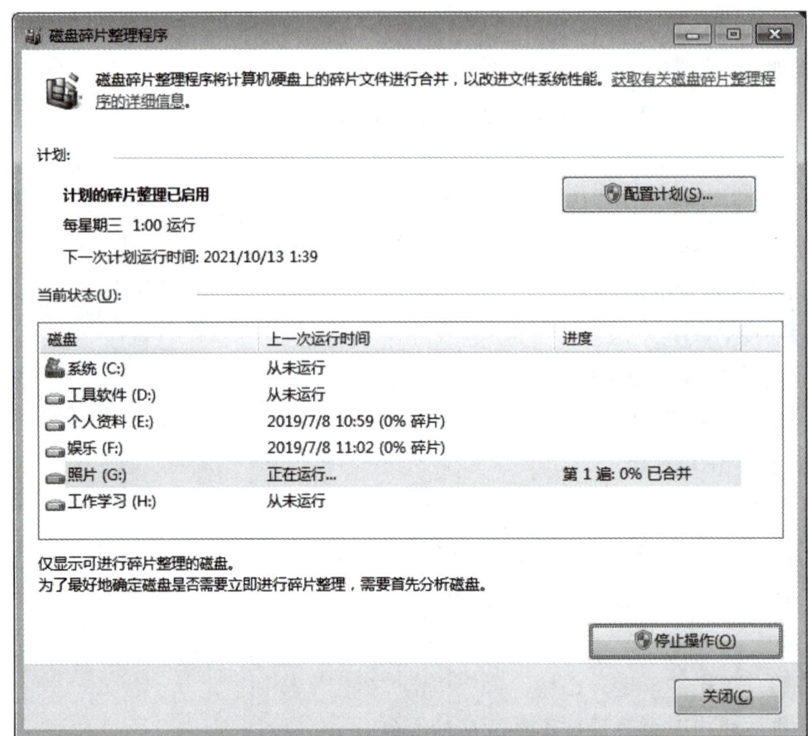

图 2-31　“磁盘碎片整理程序”窗口

② 选择进行碎片整理的驱动器，单击“磁盘碎片整理”按钮即可。

实验思考

（1）如何设置显示器的分辨率和文本显示大小。

（2）检查硬盘分区大小、分区文件系统等信息。

综合实验　系统优化

实验目的

（1）认识系统优化的目的。

（2）掌握系统优化的基本方法。

实验内容

（1）修改开机启动程序。

（2）修改系统服务功能。

（3）利用工具软件进行系统优化。

实验步骤

1. 修改 Windows 启动选项

步骤 1：选择“开始”→“运行”命令，在打开的“运行”对话框中输入 msconfig，单击“确定”按钮。

步骤 2：在打开的窗口中选择“启动”选项卡，取消不需要开机就启动的程序（见图 2-32），单击“确定”按钮，重启计算机即可。

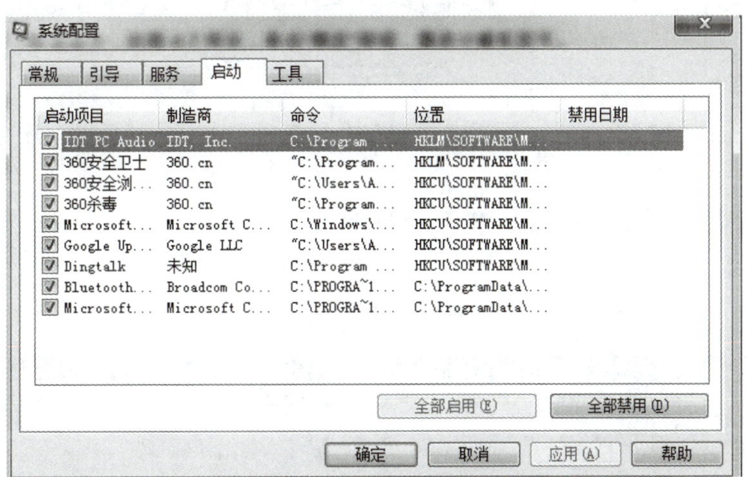

图 2-32　“启动”选项卡

2. 修改 Windows 服务选项

将 Windows 的远程用户修改注册表的服务设置成禁止。

步骤：右击“计算机”图标，在弹出的快捷菜单中选择“管理”命令，在打开的“计算机管理”窗口中选择“服务和应用程序”→“服务”→Remote Registry 选项，启动类型设置为“禁用”，如图 2-33 所示。

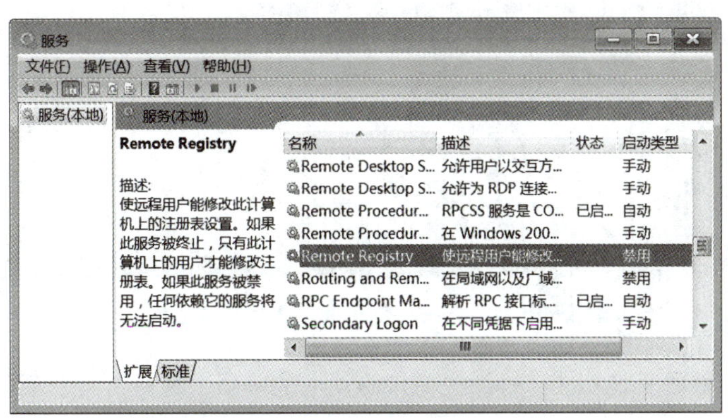

图 2-33　“服务”窗口

3. 利用“Windows 优化大师”进行系统优化

Windows 优化大师工具软件提供了安全简便的系统检测、系统优化、系统清理、系统维护等功能，能够帮助用户了解计算机软硬件信息，简化操作系统设置步骤，提升计算机运行效率，清理系统运行时产生的垃圾，修复系统故障及安全漏洞等。

步骤 1：在 Windows 优化大师官方网站 http://www.youhua.com/ 下载软件，如图 2-34 所示。

图 2-34　Windows 优化大师官方网站

步骤 2：下载软件保存路径设为 E:\。下载完成后，在 E 盘上双击“优化大师”压缩文件，将文件解压到指定文件夹。

步骤 3：双击解压缩后的 WoptiSetup.exe 文件，启动优化大师安装向导，循序完成安装。

步骤 4：运行 Windows 优化大师后，主窗口如图 2-35 所示。窗口的左侧区域是系统功能菜单，右侧是与其对应的详细功能。用户可以根据需要选择右侧相应的功能，如“一键优化”。

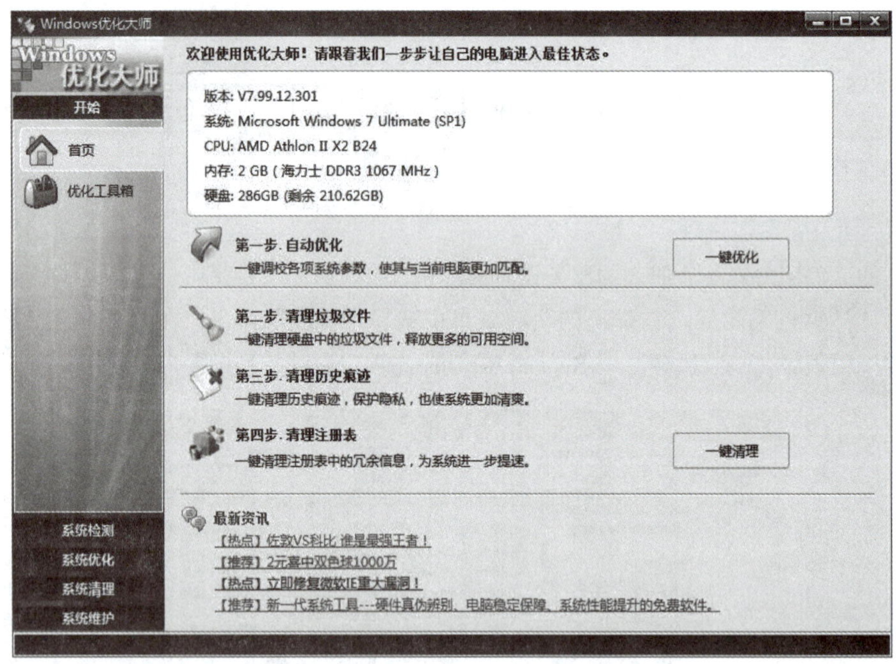

图 2-35　Windows 优化大师工具软件主界面

步骤 5：使用优化大师的其他功能。打开主窗口的其他菜单项，选择不同的菜单项及具体操作，可完成相应的优化功能。

实验思考

（1）通过“控制面板”，打开“程序和功能”窗口，检查系统中安装了哪些应用程序，将不需要的应用程序删除。

（2）设置禁止光驱和 USB 设备自动播放功能。

（3）在 IE 浏览器中删除上网的垃圾文件。

第 3 章 计算与计算思维

基础实验 3.1 解决抛硬币问题

实验目的

（1）培养学生分析问题的能力。

（2）掌握计算思维解决问题的方法。

实验内容

（1）定义问题。

（2）建立计算模型。

（3）算法设计及实施。

实验步骤

1. 设计抛硬币实验

步骤 1：定义问题。多次抛一枚硬币，其正面朝上和反面朝上出现的次数是否一样，设计实验进行验证。

步骤 2：建立计算模型。根据抛硬币实验设计，分析 Scratch（实验软件）模拟抛硬币实验所需的角色和变量，将数学统计问题进一步转化成计算机能够执行和运算的问题。计算机模拟硬币实验界面设计分析表如表 3-1 所示。

表 3-1　计算机模拟硬币实验界面设计分析表

现实中抛硬币实验		计算机模拟实验	
所需实物	硬币	所需角色	硬币
所需数据	正面向上 反面向上	所需变量	正面、反面

步骤 3：算法设计及实施。将计算模型进一步用程序语言表达出来。将硬币正反两个随机结果抽象成由计算机随机生成两个数的过程，将每次抛硬币的实验结果及数据记录抽象成程序中的选择结构，将重复多次实验抽象成程序中的循环结构。

步骤 4：主要代码的实现。

```
#include<stdio.h>
#include<stdlib.h>
int heads()
{
```

```
    return rand()<RAND_MAX/2;
}
int main( )
{
    int i,j,cnt;
    int N=atoi(argv[1]), M=atoi(argv[2]);
    int *f=malloc((N+1)*sizeof(int));
    for(j=0; j<=N; j++) f[j]=0;
    for(i=0; i<M; i++, f[cnt]++)
        for(cnt=0, j=0; j<N; j++)
            if(heads())cnt++;
    for(j=0; j<=N; j++)
    {
        printf("%2d ", j);
        for(i=0; i<f[j]; i+=10) printf("*");
        printf("\n");
    }
    return 0;
}
```

步骤 5：将重复执行的次数改为 100、500、1 000、1 500，记录正面和反面各自出现的次数，统计表如表 3-2 所示。

表 3-2　计算机模拟抛硬币实验数据

实验次数	正面向上	反面向上
100		
500		
1 000		
1 500		

实验思考

（1）该实验能够帮助你体验到什么？

（2）用实验可以去证明非等可能性事件吗？

基础实验 3.2　解决百钱买百鸡问题

实验目的

（1）掌握计算思维求解问题的过程。

（2）掌握枚举算法的应用。

实验内容

（1）分析问题。

（2）确定解题思路。

（3）算法设计及实施。

实验步骤

设计解决百钱买百鸡实验

今有鸡翁一，价钱伍；鸡母一，价钱三；鸡雏三，价钱一；百钱买百鸡，则翁、母、雏各几何？

分析问题：题目的意思是公鸡一只五块钱，母鸡一只三块钱，小鸡三只一块钱，现在要用一百块钱买一百只鸡，问公鸡、母鸡、小鸡各多少只？

步骤 1：确定解题思路。如果用数学的方法解决百钱买百鸡问题，可将该问题抽象成方程式组。设公鸡 x 只，母鸡 y 只，小鸡 z 只，其中 x、y、z 为整数，得到以下方程式组。

A：$5x+3y+1/3z = 100$

B：$x+y+z = 100$

C：$0 <= x <= 100$

D：$0 <= y <= 100$

E：$0 <= z <= 100$

如果用解方程的方式解这道题需要进行多次猜解，计算机的一个优势就是计算速度特别快且用时短。

步骤 2：算法设计及实施。定义 x、y、z 代表公鸡、母鸡、小鸡的只数，初始化为 1；通过三重循环遍历 x、y、z 的所有可能组合值，并将每组 x、y、z 的值代入限制约束条件，如果满足条件即得到问题的解（可能存在多个符合约束条件的解）。

步骤 3：功能代码实现。

```
#include <stdio.h>
void main( )
{
    int x,y,z;                              // 定义三种鸡
    for(x=0;x<=20;x++)                      // 枚举公鸡
    {
        for(y=0;y<=33;y++)                  // 枚举母鸡
        {
            for(z=0;z<=99;z++)              // 枚举小鸡
            {
                if(15*x+9*y+z==300 && x+y+z==100)
                    printf(" 公鸡：%d, 母鸡：%d, 小鸡：%d\n",x,y,z);
            }
        }
    }
}
```

步骤 4：运行程序统计结果，填写表 3-3。

表 3-3　计算机求解百钱买百鸡问题结果

公　鸡	母　鸡	小　鸡

实验思考

（1）有无其他方法对此问题进行解决或者对其方法进行改进？

（2）该案例使用的穷举法还可以解决生活中哪些问题？

综合实验 解决汉诺塔问题

实验目的

（1）掌握分析复杂问题的方法。

（2）掌握利用计算机解决复杂问题的过程。

（3）掌握递归算法的应用。

实验内容

（1）分析问题。

（2）确定解题思路。

（3）算法设计及实施。

实验步骤

设计汉诺塔实验

汉诺塔（又称河内塔）问题是源于印度一个古老传说的益智玩具。大梵天创造世界的时候做了三根金刚石柱子，在一根柱子上从下往上按照大小顺序摞着64片黄金圆盘。大梵天命令婆罗门把圆盘从下面开始按大小顺序重新摆放在另一根柱子上。并且规定，在小圆盘上不能放大圆盘，在三根柱子之间一次只能移动一个圆盘。

步骤1：分析问题。如图3-1所示，从左到右有A、B、C三根柱子，其中A柱子上面有从小叠到大的n个圆盘，现要求将A柱子上的圆盘移到C柱子上，期间只有一个原则：一次只能移动一个盘子且大盘子不能在小盘子上面，求移动的步骤和移动的次数。

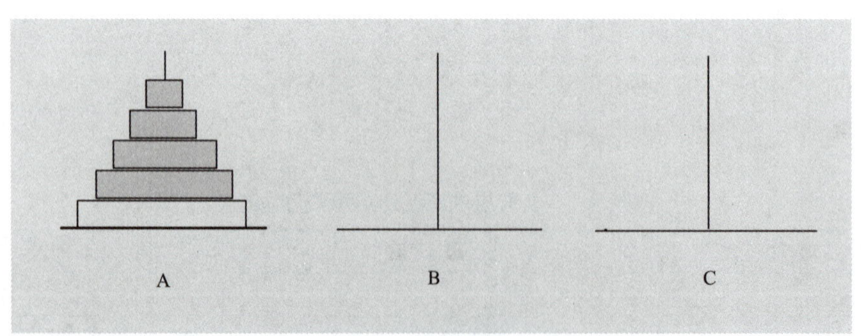

图3-1 汉诺塔问题图解

步骤2：确定解题思路。定义n代表圆盘的个数，sum代表移动的次数。

① $n=1$，第1次　1号盘 A---->C　　sum = 1次。

② $n=2$，第1次　1号盘 A---->B，
　　　　　第2次　2号盘 A---->C，
　　　　　第3次　1号盘 B---->C　　sum = 3次。

③ $n=3$，第 1 次　1 号盘 A---->C；

第 2 次　2 号盘 A---->B；

第 3 次　1 号盘 C---->B；

第 4 次　3 号盘 A---->C；

第 5 次　1 号盘 B---->A；

第 6 次　2 号盘 B---->C；

第 7 次　1 号盘 A---->C　　sum = 7 次。

不难发现规律：1 个圆盘的次数 2 的 1 次方减 1；2 个圆盘的次数 2 的 2 次方减 1；3 个圆盘的次数 2 的 3 次方减 1……n 个圆盘的次数 2 的 n 次方减 1，故移动次数为 2^n-1。

步骤 3：算法设计及实施。到目前为止，求解汉诺塔问题最简单的算法还是通过递归来求。简单地说，递归就是一个过程或者函数在其定义或说明中直接或间接调用自身的一种方法。这里还必须有一个结束点，具体地说是在调用到某一次函数后能返回一个确定的值，接着倒数第二次就能返回一个确定的值，一直到第一次调用的这个函数能返回一个确定的值。

实现这个算法可以简单地分为三个步骤：

① 把 $n-1$ 个盘子由 A 移到 B。

② 把第 n 个盘子由 A 移到 C。

③ 把 $n-1$ 个盘子由 B 移到 C。

从这里入手，再加上上面数学问题解法的分析，不难发现，移动的步数必定为奇数步：

① 中间的一步是把最大的一个盘子由 A 移到 C 上去；

② 中间一步之上可以看成把 A 上 $n-1$ 个盘子通过借助辅助塔（C 塔）移到了 B 上。

③ 中间一步之下可以看成把 B 上 $n-1$ 个盘子通过借助辅助塔（A 塔）移到了 C 上。

步骤 4：功能代码实现。

```
#include <stdio.h>
int main()
{
   int hanoi(int,char,char,char);
   int n,counter;
   printf("Input the number of diskes: ");
   scanf("%d",&n);
   printf("\n");
   counter=hanoi(n,'A','B','C');
   return 0;
}
int hanoi(int n,char x,char y,char z)
{
   int move(char,int,char);
   if(n==1)
      move(x,1,z);
   else
   {
      hanoi(n-1,x,z,y);
      move(x,n,z);
      hanoi(n-1,y,x,z);
   }
   return 0;
}
int move(char getone,int n,char putone)
```

```
{
    static int k=1;
    printf("%2d:%3d # %c---%c\n",k,n,getone,putone);
    if(k++%3==0)
        printf("\n");
    return 0;
}
```

实验结果如图 3-2 所示。

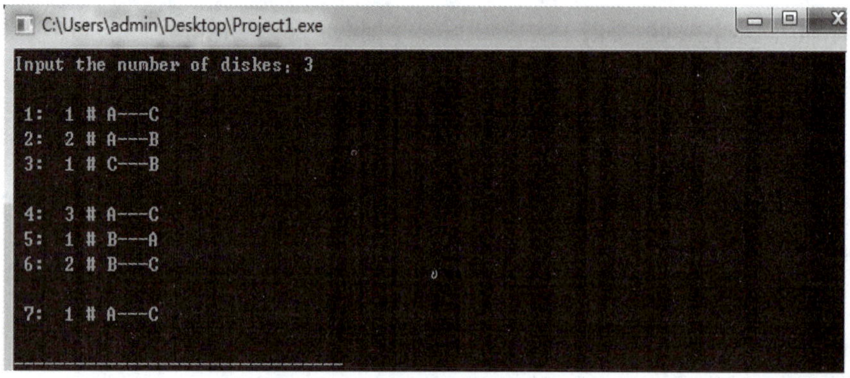

```
C:\Users\admin\Desktop\Project1.exe
Input the number of diskes: 3

 1:  1 # A---C
 2:  2 # A---B
 3:  1 # C---B

 4:  3 # A---C
 5:  1 # B---A
 6:  2 # B---C

 7:  1 # A---C
```

图 3-2　汉诺塔问题实验结果

实验思考

（1）汉诺塔问题只能用递归方法解决吗?

（2）如何用并行的方式解决汉诺塔问题?

第 4 章 文字处理和排版技术

基础实验 4.1 Word 2016 的基本操作

实验目的

（1）熟悉 Word 2016 窗口的基本组成。

（2）了解功能区各个选项卡常用组中按钮的作用。

（3）掌握建立文档和录入文本的基本方法。

（4）掌握文档的基本操作。

（5）掌握文字的查找、替换等基本编辑方法。

实验内容

（1）Word 2016 窗口各部分的作用及功能区按钮的使用。

（2）文档的基本操作和文本的录入方法。

（3）文本的查找、替换等编辑方法。

实验步骤

1. Word 2016 窗口的组成

步骤 1：选择“开始”→“所有程序”→Microsoft Office Word 2016 命令，启动 Word 2016，打开应用程序窗口，如图 4-1 所示。

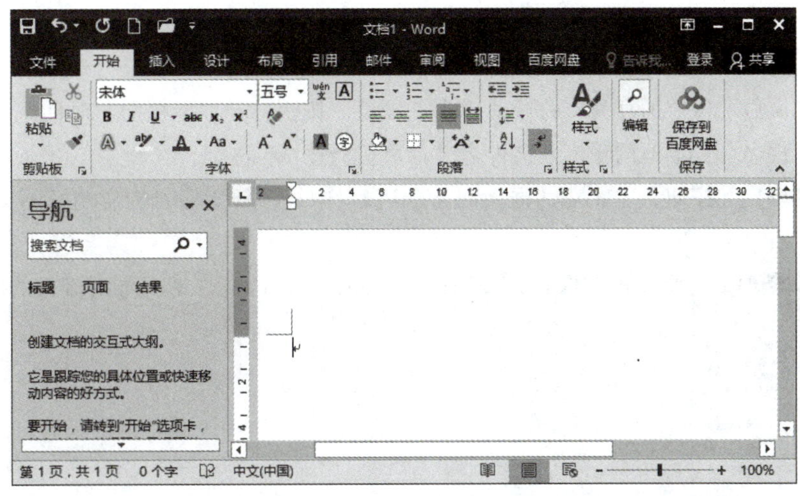

图 4-1 Word 2016 的窗口

步骤 2：在此窗口中观察以下内容：

① 整个窗口由哪些部分组成，每个部分的功能是什么。

② 启动 Word 后，标题栏上显示的文档名是什么。

③ 分别单击窗口中的每一个选项卡，各个选项卡中由哪些分组按钮组成。

该窗口从上到下由以下几部分组成：

① 标题栏：显示最常用的几个按钮和当前文档的名称。

② 功能区：该区最左边为“文件”菜单，其他部分由各个选项卡组成，如“开始”“插入”等，每个标签中包含若干个命令按钮组成的分组，如“开始”标签中的“剪贴板”“字体”“段落”等。

③ 导航区：有三个选项卡，用于浏览文档的目录结构、内容和当前搜索的结果。

④ 文档正文区：在窗口的右方，显示文档的全部内容。

⑤ 缩放区：在窗口的右下方，拖动其中的滑块可以改变工作表显示的缩放比例。

2. 建立新文档及输入文本

步骤 1：选择“文件”→“新建”命令，单击“空白文档”选项，创建一个新的空白文档。

步骤 2：单击任务栏上的输入法指示器选择一种汉字输入方法。

步骤 3：单击正文区输入文字的起点。

步骤 4：在正文区中输入以下的内容：

> 从第一台电子数字计算机的诞生至今已过去了半个多世纪，在这期间，计算机硬件从最早的以电子管为主要元件发展到如今采用超大规模集成电路作为主要元件。
>
> 伴随着硬件的发展，计算机软件也得到了迅速的发展，同时，计算机的应用领域也由最初的数值计算扩展到人类社会生活的各个领域，如科研、教学、企业等，尤其是计算机网络技术的发展，使得计算机的应用更加迅速地进入了家庭。
>
> 在当今的信息社会中，计算机已成为最基本的信息处理工具，因此，掌握计算机的基础知识，是高效地获取信息和处理信息的基本要求。

步骤 5：保存文档。单击快速访问工具栏中的“保存”按钮或选择“文件”→“保存”命令，对于建立的新文件，会打开“另存为”对话框。

步骤 6：向此对话框的文件名框内输入新文件名“计算机概述 .docx”，然后，单击“确定”按钮，关闭对话框，录入的内容以新的文件名存盘。

3. 文档的基本操作

步骤 1：选择“文件”→“打开”命令，单击“浏览”按钮，出现“打开”对话框，如图 4–2 所示。

步骤 2：选择上面创建的文件“计算机概述”。

步骤 3：单击“打开”按钮，打开此文件。

步骤 4：选择“文件”→“另存为”命令，单击“浏览”按钮打开“另存为”对话框。

步骤 5：在“文件名”文本框内输入新文件名“计算机概述 2.docx”。

步骤 6：单击“确定”按钮，关闭对话框，则 Word 窗口中显示新文件名的文档，原文件保留不变，即完成了复制文档。

在输入或编辑文档时要经常单击“保存”按钮保存文件，避免因意外情况导致输入的内容丢失。

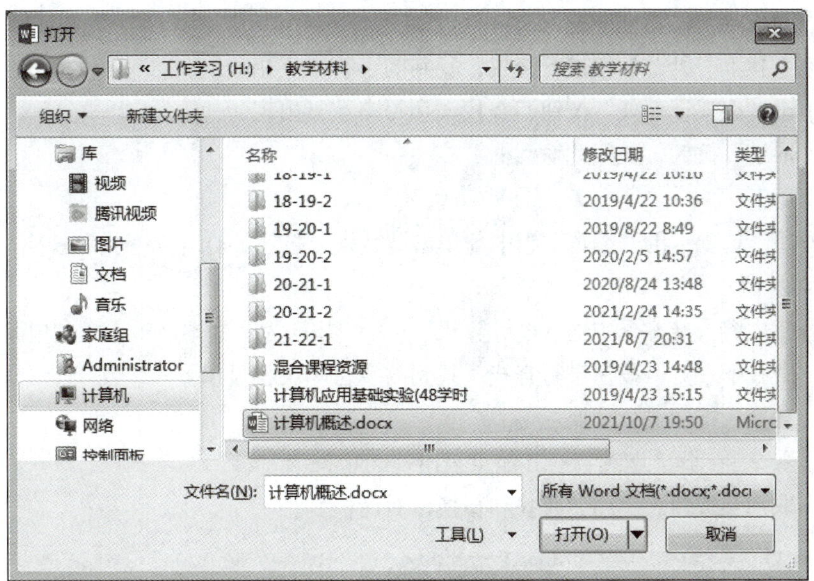

图 4–2　“打开”对话框

4. 显示比例

步骤 1：在窗口状态栏右侧的“缩放级别”区，拖动滑块到“200%”，观察屏幕上显示文档的大小。

步骤 2：拖动滑块到“50%”，观察屏幕上显示文档的大小。

5. 查找字符串

步骤 1：在“开始”选项卡的“编辑”组中，单击“查找”下拉按钮，选择“高级查找”命令，打开“查找和替换”对话框。

步骤 2：该对话框由三个选项卡组成，分别是“查找”、“替换”和“定位”，在“查找”选项卡中单击“更多”按钮，可以显示出扩展后的“查找和替换”对话框，如图 4–3 所示。这时“更多”按钮变成“更少”按钮，单击此按钮可返回简单查找方式。

图 4–3　“查找和替换”对话框

步骤 3：在“查找内容”文本框中输入“计算机”。

步骤 4：单击“查找下一处”按钮进行查找，找到的字符串反相显示。

步骤 5：继续单击“查找下一处”按钮，查找该字符串重复出现的地方。

步骤 6：单击“取消”按钮，关闭此对话框。

6. 逐个替换字符串

步骤 1：在“开始”选项卡的“编辑”组中，单击“替换”按钮，打开“查找和替换”对话框并显示“替换”选项卡，如图 4–4 所示。

步骤 2：在“查找内容”文本框中输入“计算机”，在“替换为”文本框中输入“电脑”。

步骤 3：单击“查找下一处”按钮进行查找，找到的字符串反相显示。

步骤 4：单击“替换”按钮进行替换。

步骤 5：重复步骤 3、步骤 4 继续替换其他重复出现的字符串。

步骤 6：单击“取消”按钮，关闭“查找和替换”对话框。

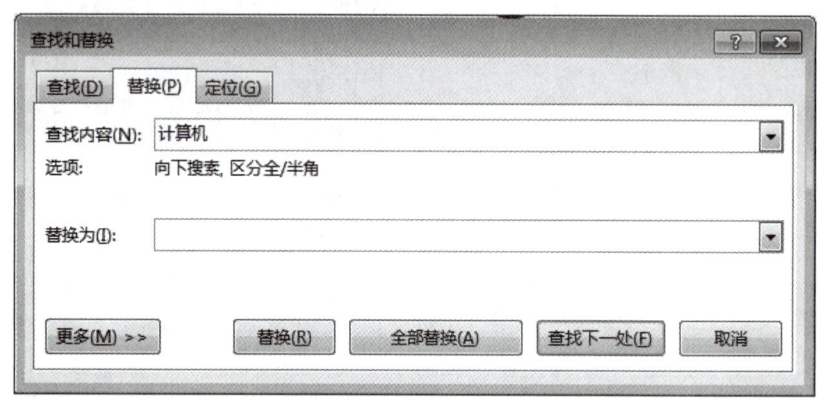

图 4–4 “替换”选项卡

7. 全部替换字符串

步骤 1：在“开始”选项卡的“编辑”组中，单击“替换”按钮，这时，打开“查找和替换”对话框并显示“替换”选项卡。

步骤 2：在“查找内容”文本框中输入“电脑”。

步骤 3：在“替换为”文本框内输入“计算机”。

步骤 4：单击“全部替换”按钮将文档中的所有字符串“电脑”替换为“计算机”，屏幕上出现完成替换对话框。

步骤 5：单击“确定”按钮关闭此对话框。

步骤 6：单击“关闭”按钮，关闭“查找和替换”对话框。

实验思考

（1）列出启动 Word 的几种方法。

（2）写出 Word 窗口的组成元素名称。

（3）在功能区中找出完成下列命令的按钮：剪切、复制、粘贴、撤销、恢复、格式刷的按钮。

基础实验 4.2　文档格式设置

实验目的

（1）了解字符格式、段落格式、页面格式各自包含的设置内容。

（2）熟练掌握字符格式中字体、字号、修饰的设置方法。

（3）掌握段落格式中对齐、缩进等的设置方法。

（4）掌握格式刷的作用和使用方法。

（5）了解页面格式的设置方法。

实验内容

（1）对上一个实验建立的文档进行不同字符格式的设置：字体、字号、修饰；字间距和缩放；上下标的设置；边框和底纹。

（2）对文档进行段落格式的设置：对齐方式；缩进方式；段中行距。

（3）对文档进行常用的页面格式设置：设置纸张大小；页边距；页码；页眉、页脚。

实验步骤

字符格式和段落格式的设置主要使用“开始”选项卡“字体”组和“段落”组中的按钮，如图 4-5 所示。

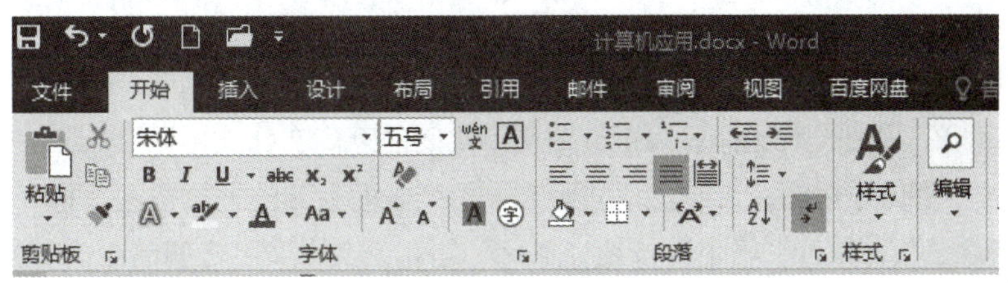

图 4-5　“开始”选项卡

1. 设置字体、字号、修饰

步骤 1：打开前面实习建立的文档“计算机概述 .docx”。

步骤 2：单击第一段第一个字的左边定位插入点。

步骤 3：按【Enter】键增加一个空行。

步骤 4：定位第一行，并在此行输入标题“计算机概述”。

步骤 5：选定刚输入的标题。

步骤 6：在“开始”选项卡的“字体”组中，单击字体框右侧的下拉按钮，打开字体列表框。

步骤 7：单击列表框中的“楷体”，观察标题文字字体的变化。

步骤 8：单击字号框右侧的下拉按钮，打开字号列表框。

步骤 9：单击列表框中的“三号”，观察标题文字字号的变化。

步骤 10：分别单击“字体”组中的加粗、倾斜、下画线、边框、字符底纹按钮，观察标题文字的变化。

2. 字符间距和缩放

步骤 1：选定标题“计算机概述”。

步骤 2：在“段落”组中，单击“中文版式”按钮右侧的下拉按钮，选择“字符缩放”，其下一级显示缩放比例列表框，如图 4-6 所示。

步骤 3：选择 200% 比例，观察标题文字的变化，注意发生变化的是文字的高度还是宽度。

步骤 4：重新选择缩放比例 150%、50%，分别观察宽度的变化。

步骤 5：单击“开始”选项卡“字体”组右下方的 按钮，打开“字体”对话框。

步骤 6：单击对话框中的“高级”选项卡，如图 4-7 所示。

图 4-6 “缩放比例”列表框

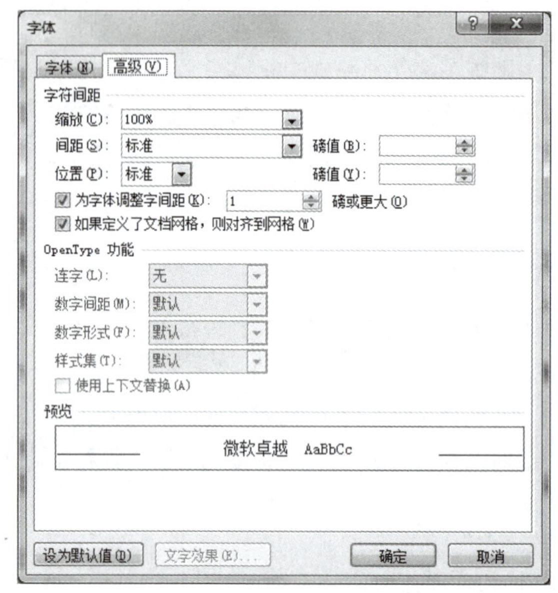

图 4-7 “高级”选项卡

步骤 7：单击“间距”下拉列表框右侧的下拉按钮，打开“间距”下拉列表，选择“加宽”。

步骤 8：单击“确定”按钮，对比标题和正文中文字之间的距离有什么不同。

步骤 9：重新打开“字体”对话框，单击“间距”下拉列表框右侧的下拉按钮，打开“间距”下拉列表。

步骤 10：选择“紧缩”，单击“确定”按钮，对比标题和正文中文字之间的距离有什么不同。

3. 上下标及格式刷的使用

步骤 1：将光标定位到文档的末尾，按【Enter】键，使光标移到下一行，然后从键盘输入如下内容：

$$X12 + X22 = Y2$$

步骤 2：选中 X 后面的数字“1”。

步骤 3：在“开始”选项卡的“字体”组中，单击“下标”按钮 $\mathbf{x}_2$，观察数字“1”大小和位置的变化。

步骤 4：在“开始”选项卡的“剪贴板”组中，单击“格式刷”按钮 ，这时光标形状中带有刷子。

步骤 5：用刷子状的光标在 X22 中的第 1 个数字“2”上拖动一下，则下标格式被复制到此数字，这时“2”也变为下标显示。

步骤 6：选中加号“+”前面的数字“2”。在“开始”选项卡的“字体”组中，单击“上标”按钮 $\mathbf{x}^2$，观察数字“2”大小和位置的变化。

步骤 7：用“格式刷”按钮分别对“=”前的数字“2”和 Y 后面的数字“2”复制相同的上标格式，最终数学公式应设置成下面的形式：

$$X_1^2 + X_2^2 = Y^2$$

4. 边框和底纹

步骤 1：选定文档中的标题。

步骤 2：在“开始”选项卡的“段落”组中，单击“框线”按钮右侧的下拉按钮，在打开的下拉菜单（见图 4-8）中，选择“边框和底纹”命令，打开“边框和底纹”对话框，如图 4-9 所示。

图 4–8　框线选项

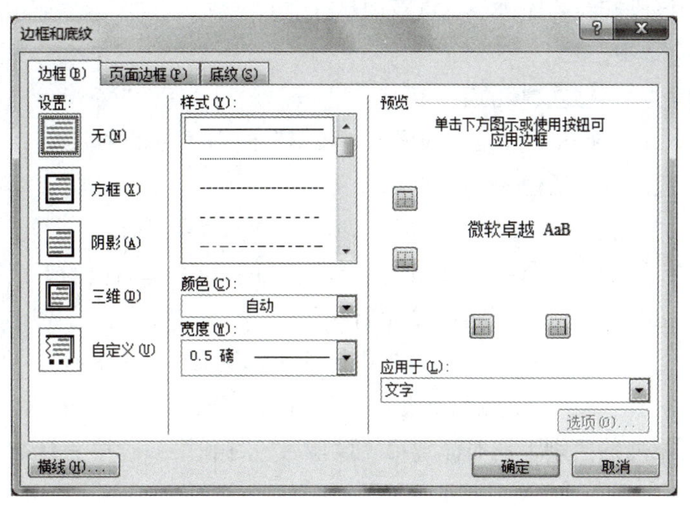

图 4–9　“边框和底纹”对话框

步骤 3：在此对话框的“边框”选项卡中进行以下操作。

① 单击“设置”的阴影框，选择带阴影的方框。

② 在“样式”列表框中选择双波浪线。

③ 在“颜色”下拉列表框中选择蓝色。

④ 在“宽度”下拉列表框中选 0.75 磅宽度。

步骤 4：选择“底纹”选项卡，如图 4–10 所示。

步骤 5：此对话框中设置如下选项。

① 在“填充”中选择“绿色”。

② 在图案的“样式”下拉列表框中选择 10%。

步骤 6：单击“确定”按钮，观察此标题的边框和底纹的设置结果。

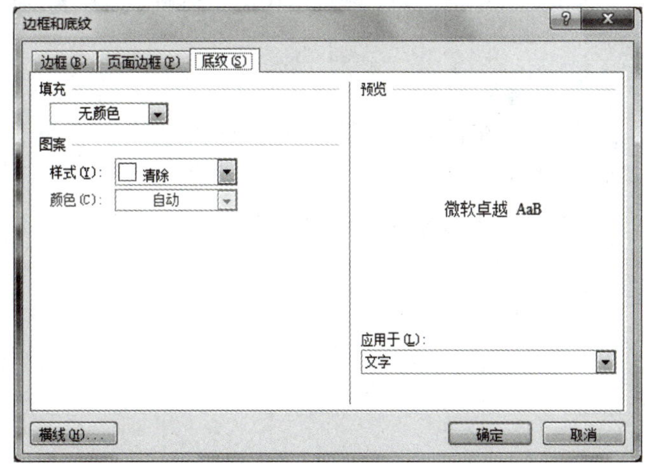

图 4-10　“底纹”选项卡

5. 对齐方式

步骤 1：选定文档中的标题。

步骤 2：分别单击“开始”选项卡“段落”组中“左对齐”、“两端对齐”、“居中对齐”、“右对齐”和“分散对齐”按钮，观察此标题所显示的对齐方式。

6. 缩进方式

步骤 1：选定文档的第一段。

步骤 2：在标尺上拖动“首行缩进”滑块（见图 4–11），观察此段第一个字的缩进情况。

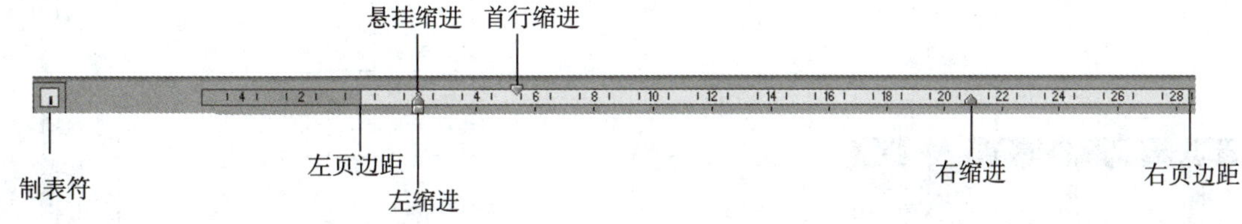

图 4–11　水平标尺上的缩进按钮

步骤 3：拖动“左缩进”滑块，观察此段左边位置的变化。

步骤 4：拖动“右缩进”滑块，观察此段右边的变化，同时注意到该段按新的缩进位置重新调整行中的字数。

7. 段中行距

步骤 1：选定文档的第一段。

步骤 2：单击“开始”选项卡“段落”组右下方的 按钮，打开“段落”对话框。

步骤 3：选择“缩进和间距”选项卡，如图 4–12 所示。

步骤 4：在此对话框中，单击“行距”下拉列表框右侧的下拉按钮，在下拉列表框中选择“2 倍行距”。

步骤 5：在“段后”的数值框中将段后距离设置为“18 磅”。

步骤 6：单击“确定”按钮，观察此段中行间的距离与第二段内行间距离的区别，同时注意第一段最后一行和第二段第一行之间的距离。

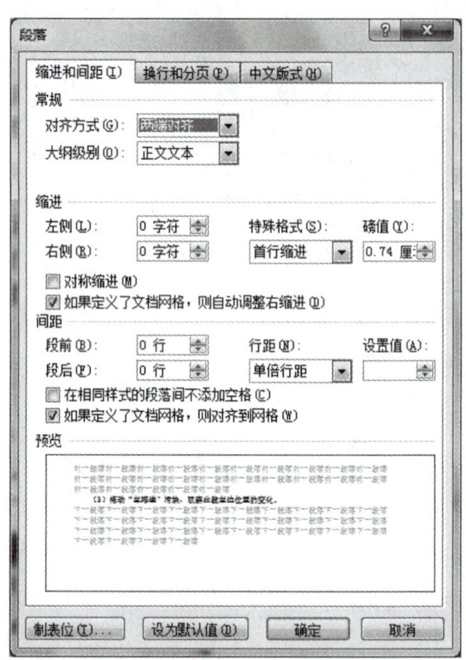

图 4–12 “段落”对话框

8. 复制段落格式

步骤 1：第一段的段落格式已经设置完成，选中第一段的段落标记，即该段末尾的回车符“↵”。

步骤 2：单击“剪贴板”组中的“复制”按钮，将段落格式复制到剪贴板上。

步骤 3：选定第二段末尾的段落标记。

步骤 4：单击“剪贴板”组中的“粘贴”按钮复制段落格式，观察此时第二段的段落格式与第一段是否相同。

9. 页边距

步骤 1：在“布局”选项卡的“页面设置”组（见图 4–13）中，单击右下方的 按钮，打开“页面设置”对话框，如图 4–14 所示。

步骤 2：在此对话框中，将“上”“下”“左”“右”边距分别设置为 3 厘米、3 厘米、2 厘米、2 厘米。

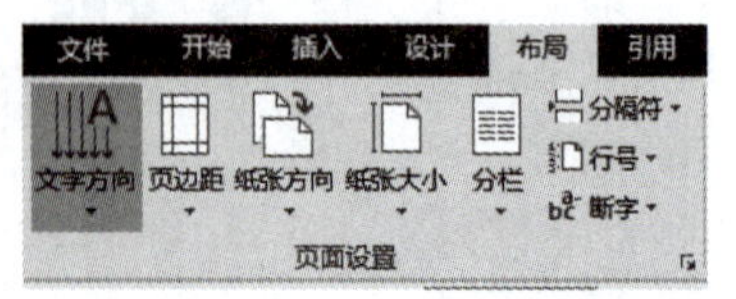

图 4–13 “页面设置”组

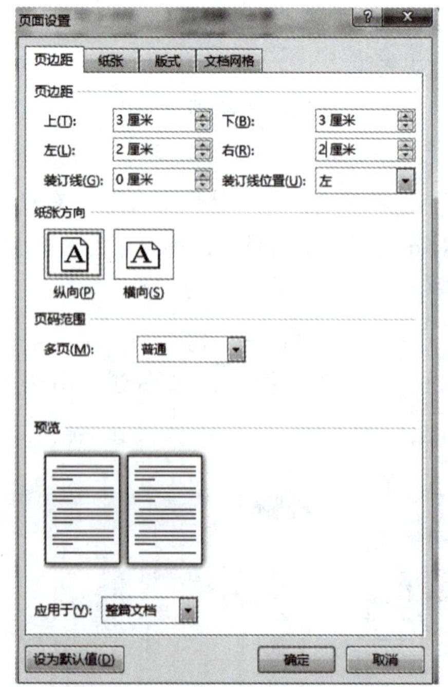

图 4–14 “页面设置”对话框

步骤 3：单击“确定”按钮，关闭此对话框。

步骤 4：选择“文件”→“打印”命令，在窗口的右侧可以预览所做的设置。

10. 设置纸张大小

步骤 1：在“页面设置”对话框中，选择“纸张”选项卡。

步骤 2：单击“纸张大小”下拉列表框右侧的下拉按钮。

步骤 3：在列表框中选择纸张 A4。

步骤 4：单击“确定”按钮，关闭对话框。

步骤 5：选择“文件”→“打印”命令，预览设置的效果。

11. 页码

步骤 1：在“插入”选项卡的“页眉和页脚”组中，单击“页码”按钮，弹出“页码”下拉列表，如图 4–15 所示。

步骤 2：列表中前四项及其级联菜单用来设置页码的位置，这里选择“页面底端”。

步骤 3：在“段落”组中单击“居中”按钮，将页码设置为“居中”对齐。

12. 页眉、页脚

步骤 1：在“插入”选项卡的“页眉和页脚”组中，单击“页眉”按钮，在弹出的下拉列表中（见图 4–16）显示可以选择的页眉样式，这里选择第一个样式“空白”。

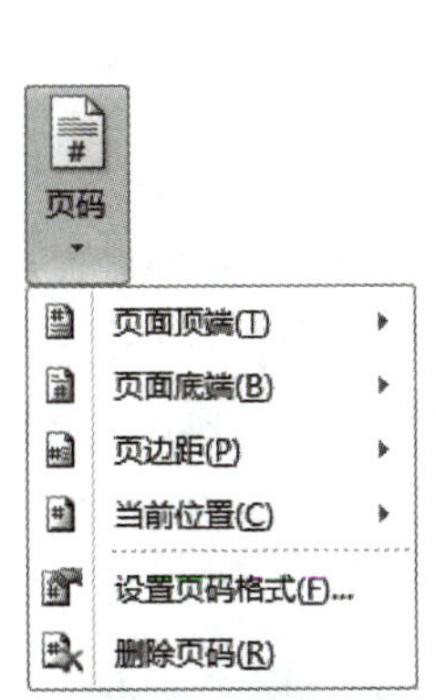

图 4–15　“页码”下拉列表

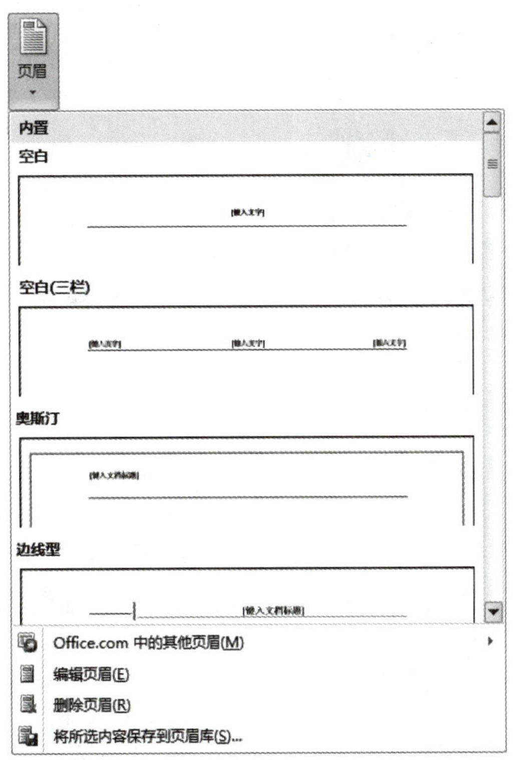

图 4–16　页眉样式

这时，功能区出现“页眉和页脚工具 – 设计”选项卡（见图 4–17），原来的正文内容显示为水印方式。

步骤 2：在页眉框中输入“大学计算机基础”，将页眉内容设置为左对齐。

步骤 3：双击正文部分，结束页眉的输入。

步骤 4：选择“文件”→“打印预览”命令，观察设置的效果。

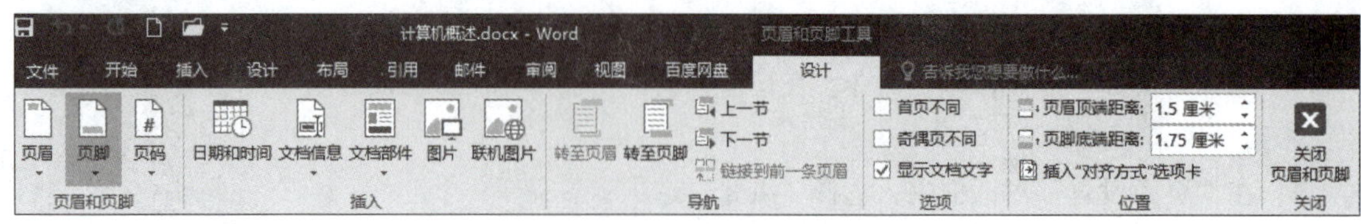

图 4–17 “页眉和页脚工具 – 设计”选项卡

实验思考

（1）列出设置字符格式的常用方法。

（2）写出段落格式的设置包含哪些内容。

（3）“剪贴板”组中的“格式刷”按钮有什么作用？说明其具体的使用方法。

（4）举例说明常用的页面格式有哪些。

基础实验 4.3 表格的创建及编辑

实验目的

（1）掌握制作表格的各种方法。

（2）熟悉表格中的格式设置。

（3）掌握表格的常用编辑方法。

实验内容

（1）用不同的方法绘制规则表格。

（2）向表格中输入内容并设置字符格式。

（3）对建立的表格进行不同的编辑，包括插入、删除行或列等。

（4）设置文本在单元格内的对齐方式。

实验步骤

1. 使用表格对话框制表

使用对话框创建规则表格，只要向对话框中输入要创建表格的行数和列数即可。创建过程如下：

步骤 1：在“插入”选项卡的“表格”组中，单击“表格”按钮，打开下拉列表，如图 4–18 所示。

步骤 2：选择其中的“插入表格”命令，打开“插入表格”对话框，如图 4–19 所示。

图 4–18 表格选项

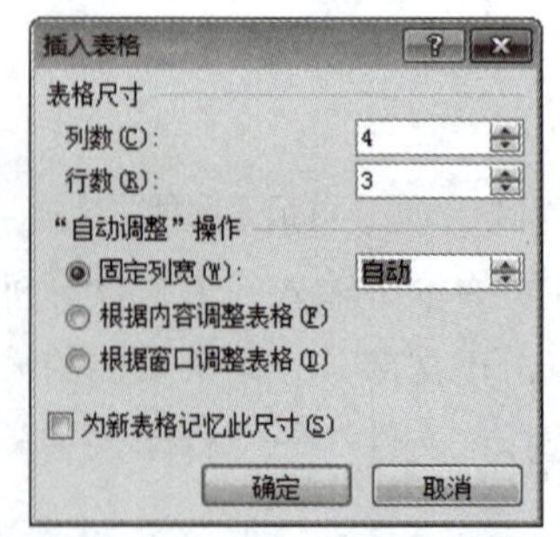

图 4–19 “插入表格”对话框

步骤 3：在对话框的“列数”框内输入 4，在对话框的“行数”框内输入 3。

步骤 4：单击“确定”按钮，在光标处插入 3 行 4 列的规则表格，与此同时，在功能区出现了“表格工具”的“设计”选项卡（见图 4–20）和“布局”选项卡（见图 4–21），前者可以设置表格的样式，后者用来编辑表格。

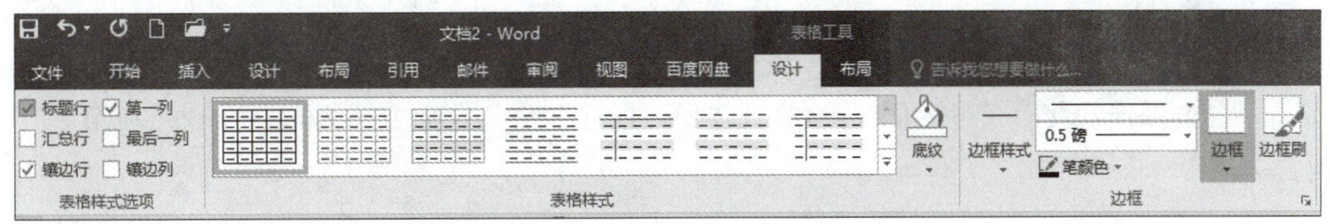

图 4–20　“表格工具 - 设计”选项卡

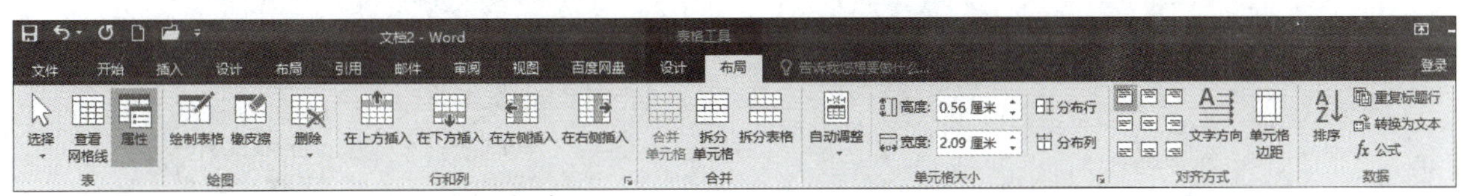

图 4–21　“表格工具 - 布局”选项卡

2. 使用“表格网格”创建表格

步骤 1：将光标定位到要插入表格的位置。

步骤 2：在“插入”选项卡的“表格”组中，单击“表格”按钮，打开下拉列表，用鼠标在表格网格上拖动选定新表格所需的行数和列数，这里设置为 6 行 5 列，突出显示的就是要创建的表格，如图 4–22 所示。

步骤 3：设置后松开鼠标，即可在插入点处插入一张表格。

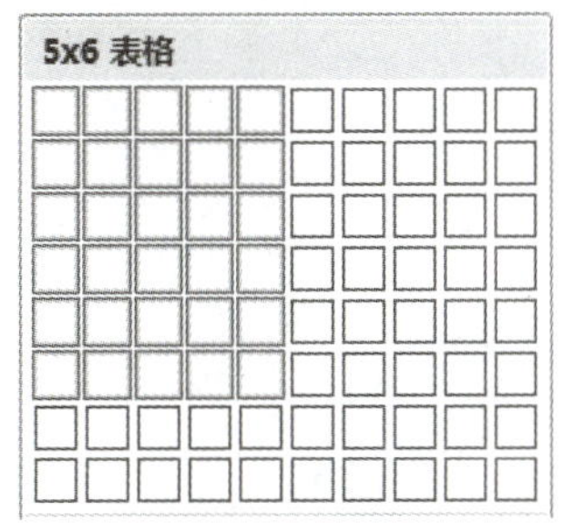

图 4–22　表格网格

3. 向表格中输入文字

步骤 1：单击第一行第一列的单元格。

步骤 2：在此单元格中输入“学号”。

步骤 3：用同样方法在其他单元格输入数据，形成如下形式的表格。

学　号	姓　名	数　学	物　理	化　学
21010001	张平	77	76	87
21010002	李清照	78	69	89
21010003	周丽红	82	73	90
21010004	张羽生	88	77	55
21010005	王红娟	67	83	78

4. 设置表格内的文字格式

设置所有单元格内的文字在格内水平方向居中对齐，将表头文字设置为黑体、四号、垂直居中。操作步骤如下：

步骤 1：在第一行第一列，从“学号”沿对角线方向拖动到右下角的第六行第五列，选中所有单元格。

步骤 2：单击“段落”组中的“居中”按钮，设置所有单元格的文字在各自的单元格内水平居中。

步骤 3：在表格第一行中，从“学号”拖动到“化学”，选中标题行。

① 将标题行设置“字号”为“小四号”。

② 将标题行设置“字体”为“黑体”。

③ 右击选中的标题行，在弹出的快捷菜单（见图 4-23）的“单元格对齐方式”命令的级联菜单中单击“水平居中”按钮，将标题文字在各自的单元格内垂直居中。

步骤 4：在“姓名”栏从第二行拖动到第六行选中所有姓名，将姓名设置为“楷体”。

5. 编辑表格

步骤 1：单击表格第一行左侧的空白区，该行反相显示。

步骤 2：右击弹出快捷菜单（见图 4-24），选择“插入”→“在上方插入行”命令，在第一行上面增加空白行。

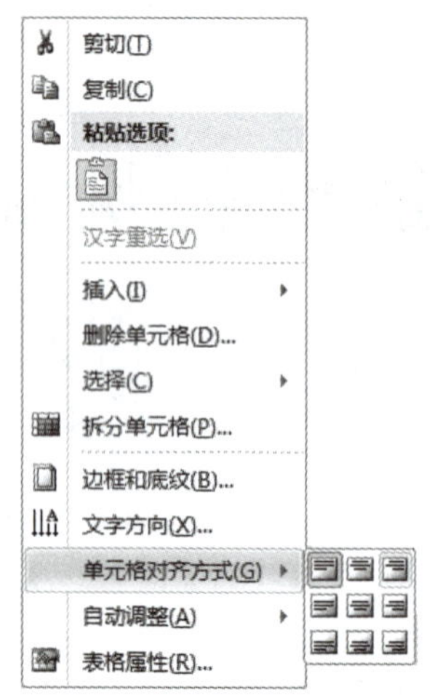

图 4-23 快捷菜单

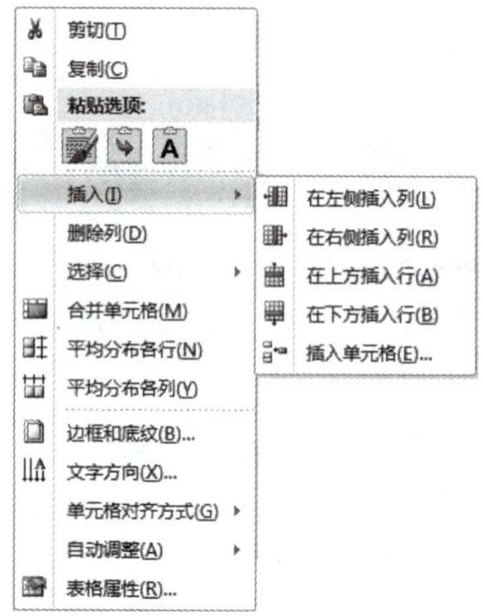

图 4-24 “插入”菜单

步骤 3：单击表格最后一行最右侧的空白区，即段落标记处。

步骤 4：右击弹出快捷菜单，选择“插入”→“在右侧插入列”命令，在表格右侧增加一个空白列。

步骤 5：选中新的第一行中所有的六个单元格，右击，在弹出的快捷菜单中选择“合并单元格”命令，将第一行的所有单元格合并成为一个单元格。

步骤 6：在第一行单元格中输入文本“学生成绩表”，并将其设为“三号”“楷体”“水平居中”。

步骤 7：在第二行最后一个单元格输入“总分”。

步骤 8：选择第三行最后一个单元格，在“表格工具 – 布局”选项卡的“数据”组中，单击公式按钮 f_x，打开“公式”对话框，如图 4-25 所示。

步骤 9：在“公式”对话框中，直接使用默认的公式“=SUM(LEFT)”，单击“确定”按钮，单元格中显示出计算后的第一个总和 240。

步骤 10：在第四行到第七行的最后一列都插入相同的公式“=SUM(LEFT)”，最后完成的表格如图 4-26 所示。

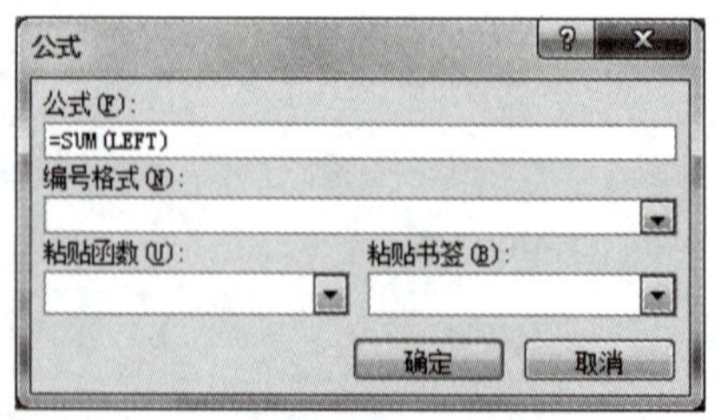

图 4-25 “公式”对话框

学生成绩表					
学　号	姓　名	数　学	物　理	化　学	总　分
21010001	张平	77	76	87	240
21010002	李清照	78	69	89	236
21010003	周丽红	82	73	90	245
21010004	张羽生	88	77	55	220
21010005	王红娟	67	83	78	228

图 4-26 设计完成的表格

实验思考

（1）总结绘制表格的不同方法。

（2）文本在单元格内的对齐方式有几种？

（3）对建立的表格可以进行哪些编辑？

基础实验 4.4　图文混排

实验目的

（1）掌握插入图片及图片的设置方法。

（2）掌握分栏及水印设置。

（3）掌握艺术字的设置。

实验内容

（1）艺术字设置。

（2）设置分栏及水印。

（3）向文档中插入图片并设置图片格式。

实验步骤

1. 将标题设置为艺术字

步骤 1：将“图文混排素材 .docx”另存为“图文混排 .docx”文件。

步骤 2：选中标题“× × 时间表被否决”，单击“插入”选项卡“文本”组中的“艺术字”下拉按钮，选择渐变“填充：灰色”，将标题转换为艺术字。

步骤 3：选中标题，在“开始”选项卡“字体”组中设置字体为“华文琥珀、28 磅”；选中标题，在“绘图工具：格式”选项卡“文本”组中设置文字方向为“垂直”（见图 4-27），在“排列”组中设置位置为“顶端居左，四周型文字环绕”，如图 4-28 所示。

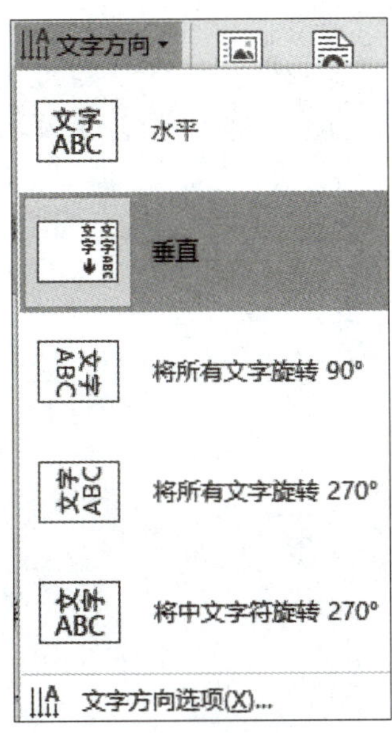

图 4-27　文字方向设置

图 4-28　位置设置

2. 分栏及水印设置

步骤 1：设置段落、边框、底纹

① 选中正文，在“开始”选项卡的“字体”组中选择“宋体”“四号”，在“段落”组的“行和段落间距”下拉列表中选择 1.0。

② 将光标停留在第一段段落中，单击“开始”选项卡的“段落”组中的 按钮，在打开的“段落”对话框的“缩进”栏中设置“特殊”为“首行”，缩进值选择“2 字符”。同样的方法将正文中 2、3、4 段落设置首行缩进 2 字符。

③ 选中第四段文本，在“开始”选项卡的“段落”组中单击“边框”下拉按钮，选择“边框和底纹”命令，打开“边框和底纹”对话框，选择“底纹”选项卡，设置“样式”为 5%，“颜色”为红色。

步骤 2：分栏及首字下沉设置

① 将鼠标光标停留在最后一段，单击“布局”选项卡，在“页面设置”组中单击“栏”下拉按钮，选择“更多栏”命令，设置为两栏，栏间距为 4 字符。

② 单击“插入”选项卡，在“文本”组中单击“首字下沉”下拉按钮，选择“首字下沉选项”命令，打开“首字下沉”对话框，选择位置为“下沉”，设置字体为“黑体”，下沉行数为“2”，单击“确定”按钮。

步骤 3：设置水印。单击“设计”选项卡，在“页面背景”组中单击“水印”下拉按钮，选择“自定义水印”命令，打开“水印”对话框，选中“文字水印”单选按钮；文字设为“周末视点”，字体隶书，字号设为 66、颜色设为红色（半透明），版式设为斜式。

3. 向文档中插入图片并编辑图片

步骤 1：将插入点定位到要插入剪贴画的位置。

步骤 2：在“插入”选项卡的“插图”组（见图 4-29）中，单击“图片”按钮，打开“插入图片”对话框，找到给定的素材图片文件 tuoou.jpg，单击“插入”按钮，此时在文档中就可以看到插入的图片。

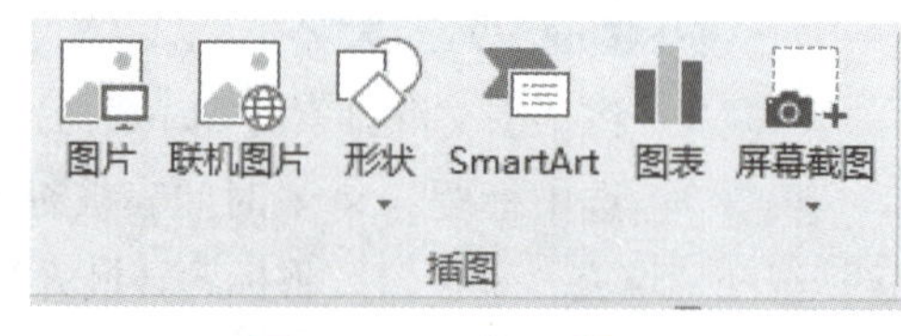

图 4-29 “插图”组

步骤 3：选中该图片，单击“图片工具－格式”选项卡（见图 4-30），在“图片样式”组中选择“矩形投影”按钮，在“排列”组中单“位置”下拉按钮，选择“顶端居右，四周型文字环绕”方式；在“大小”组中设置图片高度为 3 cm、宽度为 5.31 cm。

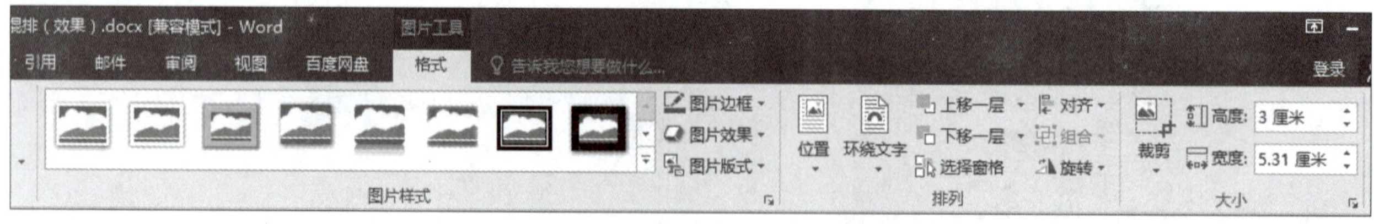

图 4-30 “图片工具－格式”选项卡

实验思考

（1）图片和文字的环绕方式有哪些？

（2）简要叙述设置艺术字的过程。

基础实验 4.5　邮件合并

实验目的

（1）理解邮件合并的含义，掌握邮件合并的过程。

（2）掌握主文档和数据源的概念及创建方法。

（3）熟悉在主文档中插入合并域的方法。

（4）掌握将数据源中的数据合并到主文档的方法。

实验内容

（1）创建主文档 w1.docx，该文档是开课通知单。

（2）创建数据源文件 w2.docx，是关于选修课程的信息，包含学生的姓名、课程名称、开课日期、上课地点四个字段。

（3）创建合并后的文档 w3.docx。

实验步骤

1. 创建数据源文件

数据源文件中由若干行和若干列数据组成，每一列表示一个域（也称为字段），本数据源中有姓名、课程名称、上课时间和上课地点 4 个域，每一行是一条记录，每条记录代表一个学生的选课信息。操作步骤如下：

步骤 1：单击快速访问工具栏中的“新建空白文档”按钮，创建一个新的文档。

步骤 2：在新文档中，创建 6 行 4 列的表格。

步骤 3：向表格中输入具体的内容，输入后的表格如下：

姓　名	课程名称	上课时间	上课地点
王丽	C 语言程序设计	10 月 10 日 9~10 节	4 号楼 402 教室
张峰	计算机应用基础	10 月 11 日 9~10 节	3 号楼 304 教室
赵军	数据库原理	10 月 12 日 9~10 节	2 号楼 504 教室
陈玲	计算机应用基础	4 月 11 日 9~10 节	3 号楼 304 教室
李芳	C 语言程序设计	10 月 10 日 9~10 节	4 号楼 402 教室

步骤 4：选择“文件”→“另存为”命令，将该数据源文档以文件名 w2.docx 保存。

2. 创建主文档

步骤 1：选择“文件”→“新建”命令，建立一个新的文档。

步骤 2：向该文档中输入以下的内容：

> 开课通知
> 同学：
> 你选修的《》课程将于开课，上课地点是，请按时上课。
> 计算机系教学科
> 2021 年 9 月 20 日

步骤 3：对上面输入的内容设置如下格式：

① 将标题“开课通知”设置为 2 号黑体、居中对齐、段前 12 磅、段后 24 磅。

② 将第二行、第三行设置为小四宋体，行距 1.5 倍。

③ 将第三行首行缩进两个字符、段前 12 磅、段后 12 磅。

④ 将最后两行设置为 4 号楷体、右对齐、段前 6 磅、段后 6 磅，文本右对齐。设置格式后的文档如图 4–31 所示。

步骤 4：选择“文件”→“另存为”命令，将该主文档以文件名 w1.docx 保存。

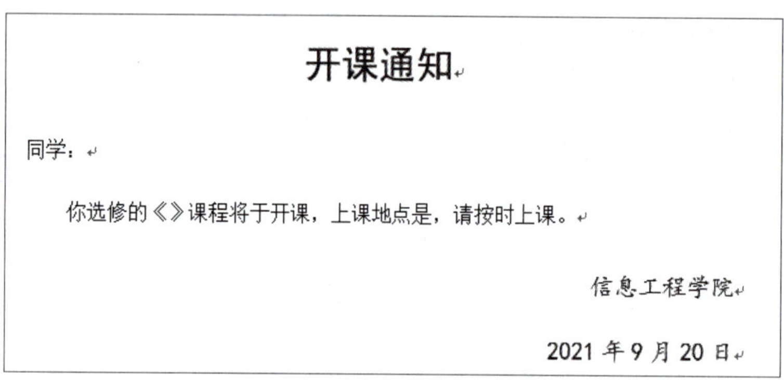

开课通知

同学：

你选修的《》课程将于开课，上课地点是，请按时上课。

信息工程学院

2021 年 9 月 20 日

图 4–31　主文档的内容和格式

3. 进行邮件合并

邮件合并的操作使用“邮件”选项卡中的按钮，如图 4–32 所示。操作步骤如下：

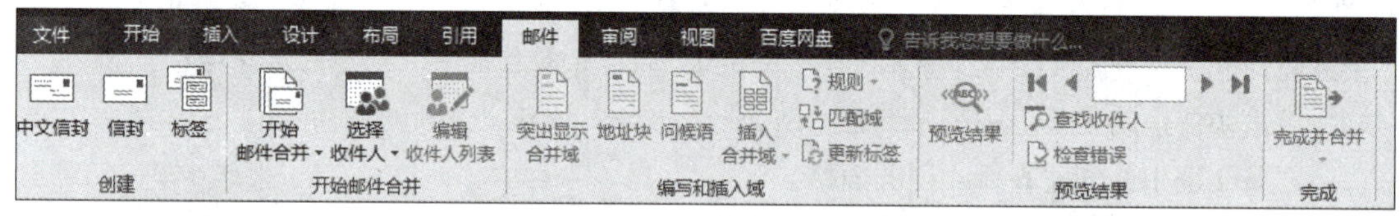

图 4–32　“邮件”选项卡

步骤 1：打开主文档，单击“邮件”选项卡“开始邮件合并”组中的“选择收件人”按钮，在弹出的下拉列表中选择“使用现有列表”命令，如图 4–33 所示。

步骤 2：在打开的“选取数据源”对话框中选中创建好的数据文件“开课通知数据源”文档，如图 4–34 所示。

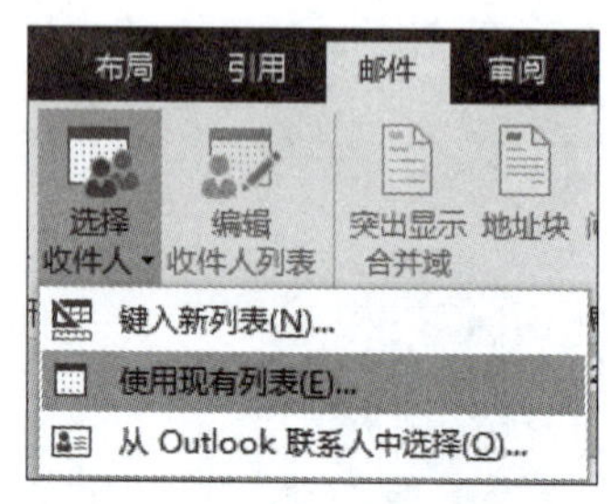

图 4–33　选择“使用现有列表”

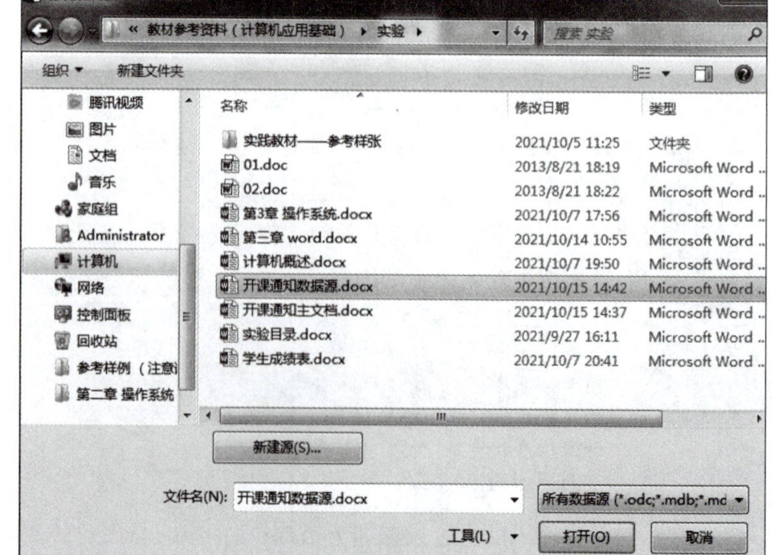

图 4–34　选择数据源文件

步骤 3：将光标置于主文档“同学”前，然后单击“插入合并域”按钮，在弹出的下拉列表中选择要插入的域“姓名”，如图 4–35 所示。

步骤 4：用同样的方法插入“课程名称”“上课时间”“上课地点”，效果如图 4–36 所示。

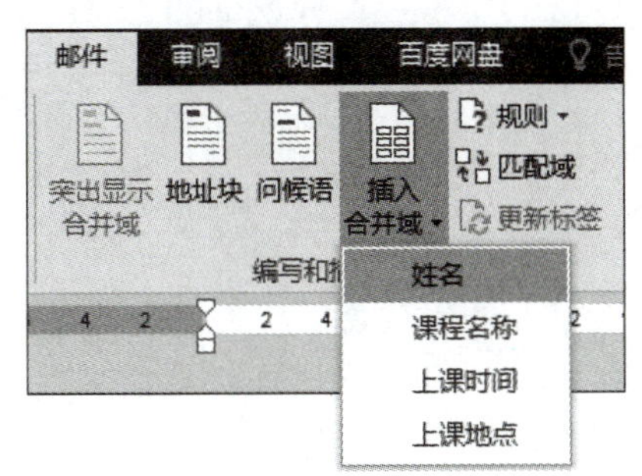

图 4–35　插入“姓名”域

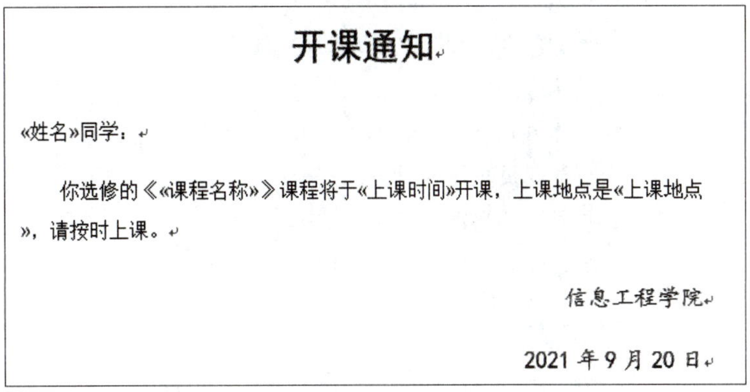

开课通知

«姓名»同学：

你选修的《«课程名称»》课程将于«上课时间»开课，上课地点是«上课地点»，请按时上课。

信息工程学院

2021 年 9 月 20 日

图 4–36　插入其他域

提示：

将邮件合并域插入主文档时，域名称总是由（« »）括住。这些尖括号不会显示在合并文档中，它们只是帮助将主文档中的域与普通文本区分开。

步骤 5：单击“完成”组中的“完成并合并”按钮，在弹出的下拉列表中选择“编辑单个文档”命令（见图 4–37），系统将查收的邮件放置到一个新文档。

步骤 6：在打开的“合并到新文档”对话框中选中“全部”单选按钮，然后单击“确定”按钮，如图 4–38 所示。

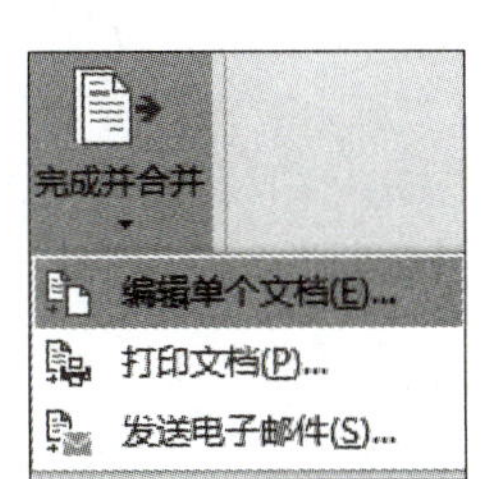

图 4–37　选择“编辑单个文档”

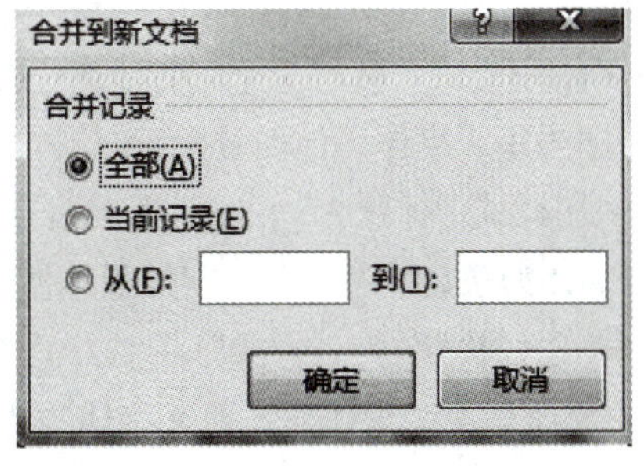

图 4–38　选择“全部”单选按钮

步骤 7：Word 将根据设置自动合并文档并将全部记录存放到一个新文档中，完成的文档的份数取决于数据表中的记录条数，最后另存文档为“w3.docx”。

实验思考

（1）使用邮件合并有什么好处？

（2）简述创建邮件合并的过程。

综合实验 长文档排版

实验目的

（1）掌握字符格式和段落格式的设置。

（2）掌握样式的设置。

（3）掌握分页和分节的应用。

（4）掌握奇偶页页眉的设置。

（5）掌握目录的自动生成。

（6）掌握题注的使用及交叉引用。

实验内容

（1）正文字符、段落格式、样式、题注等设置。

（2）分页和分节应用。

（3）自动生成目录。

（4）页脚的设置。

（5）页眉设置。

实验步骤

打开素材“昀朵网上考试系统的设计与实现”进行排版。

1. 对正文进行排版

操作要求如下：

（1）章名使用样式“标题 1”，居中对齐；编号格式为：第 X 章，字体小三号黑体，1.5 倍行距，段前 0.5 行，段后 0.5 行。

（2）小节名使用样式“标题 2”，左对齐；编号格式为：多级符号，X.Y（如 1.1）（其中 X 为章数字序号，Y 为节数字序号），字体黑体四号，1.5 倍行距，段前 0 行，段后 0 行。

（3）条名使用样式“标题 3”，左对齐；编号格式为：多级符号，X.Y.Z（1.1.1）（其中 X 为章数字序号，Y 为节数字序号，Z 为条数字序号），字体黑体四号，1.5 倍行距，段前 0 行，段后 0 行。

（4）新建样式，样式名为“样式”+“1234”。其中：

① 字体：中文字体为“宋体”，西文字体为 Times New Roman，字号为“小四”。

② 段落：首行缩进 2 字符，段前 0 行，段后 0 行，行距 1.5 倍。

③ 其余格式：默认设置。

将样式应用到正文中无编号的文字（注意：不包括章名、小节名、表文字、表和图的题注）。

（5）对本文题目“昀朵网上考试系统的设计与实现”插入脚注，添加文字“作者：2017 计科 2 班王爽”。

（6）对正文中的表添加题注“表”，位于表上方，居中。

① 编号为“章序号”–“表在章中的序号”，（例如第 1 章中第 1 张表，题注编号为 1–1）。

② 表的说明使用表上一行的文字，格式同表标号。

③ 表居中。

（7）对正文中出现“如下表所示”的“下表”，使用交叉引用，改为“如表 X–Y 所示”，其中“X–Y”为表题注的编号。

（8）对正文中的图添加题注“图”，位于图下方，居中。

① 编号为“章序号”–“图在章中的序号”；（例如第 1 章中第 2 幅图，题注编号为 1–2）。

② 图的说明使用图下一行的文字，格式同图标号。

③ 图居中。

（9）对正文中出现“如下图所示”的“下图”，使用交叉引用，改为“如图 X–Y 所示”，其中“X–Y”为图题注的编号。

操作步骤如下：

步骤 1：进行操作要求（1）（2）（3）的设置。

① 设置章名、小节名、条名使用的编号。将光标置于第一章标题文字前，单击“开始”选项卡“段落”组“多级列表”的下拉按钮，在下拉列表中选择“定义新的多级列表”命令，打开“定义新多级列表”对话框，单击左下角的“更多”按钮。

在“定义新多级列表”对话框中进行相应设置。选择级别：1；编号格式：第 1 章（“1”编号样式确定后，在“1”前输入“第”，在“1”后输入“章”）；在“将级别链接到样式”下拉列表中选择“标题 1”，如图 4–39 所示。标题 1 编号设置完毕。

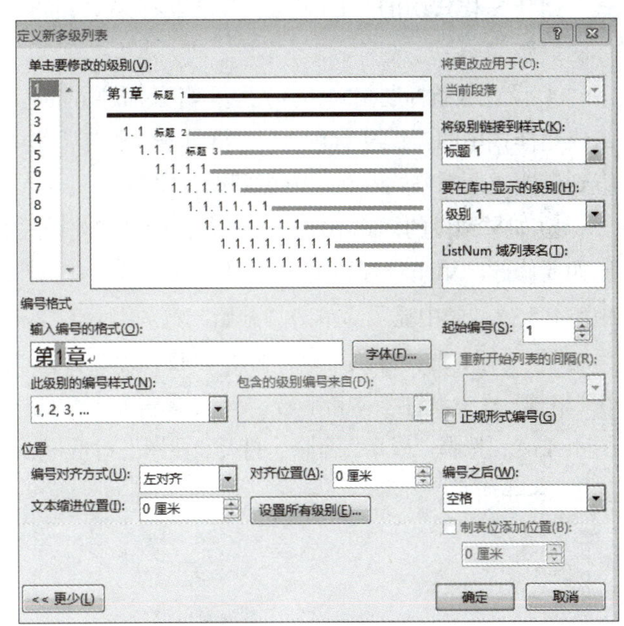

图 4–39　设置章名编号

继续在“定义新多级列表”对话框中操作，选择级别：2；编号格式：1.1；在“将级别链接到样式”下拉列表中选择“标题 2”；在“要在库中显示的级别”下拉列表中选择“级别 2”（见图 4–40），标题 2 编号设置完毕。最后单击“确定”按钮。

继续在“定义新多级列表”对话框中操作，选择级别：3；编号格式：1.1.1；在“将级别链接到样式”下拉列表中选择“标题 3”；在“要在库中显示的级别”下拉列表中选择“级别 3”（见图 4–41），标题 3 编号设置完毕。最后单击“确定”按钮。

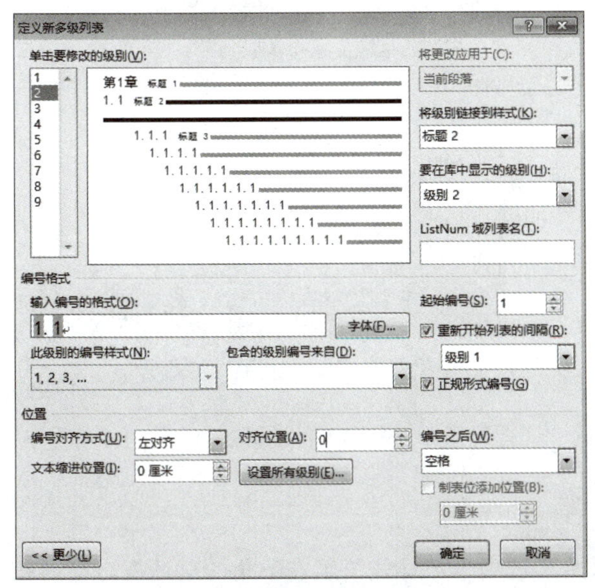

图 4–40　设置小节名编号

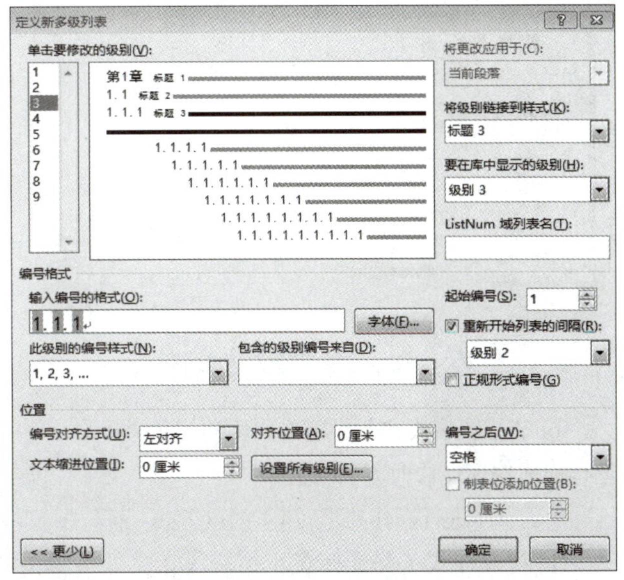

图 4–41　设置条名编号

② 设置各章标题格式。首先选中各章标题（按【Ctrl】键 + 单击各章标题）；单击“开始”选项卡“样式”组快速样式中的“第 1 章 标题 1”，再单击“段落”组中的“居中”按钮，各章标题设置完毕。（注意删除

各章标题中的原有编号“第一章、第三章……”）

③ 设置各小节标题格式。首先选中各小节标题（按【Ctrl】键＋单击各小节标题）；单击“开始”选项卡“样式”组快速样式中的“1.1 标题 2”，再单击“段落”组中的“编号”按钮，直到设置成所需格式，各小节标题设置完毕。

④ 设置各条标题格式。首先选中各条标题（按【Ctrl】键＋单击各条标题）；单击“开始”选项卡“样式”组快速样式中的“1.1.1 标题 3”，再单击“段落”组中的“编号”按钮，直到设置成所需格式，各小节标题设置完毕。

⑤ 如果预设的样式不能满足要求，可以在此样式的基础上略加修改，比如要修改“第 1 章标题 1”的字体为四号黑体，行距 1.5 倍，段前段后距离 0.5 行，居中显示。单击“开始”选项卡，右击样式组中的“第 1 章标题 1”按钮，选择修改命令，如图 4-42 所示，打开“修改样式”对话框，在“格式”栏中设置字体和字号，然后，单击左下角的“格式”下拉按钮（见图 4-43），选择“段落”命令，打开“段落”对话框，进行段落相关设置，如图 4-44 所示。

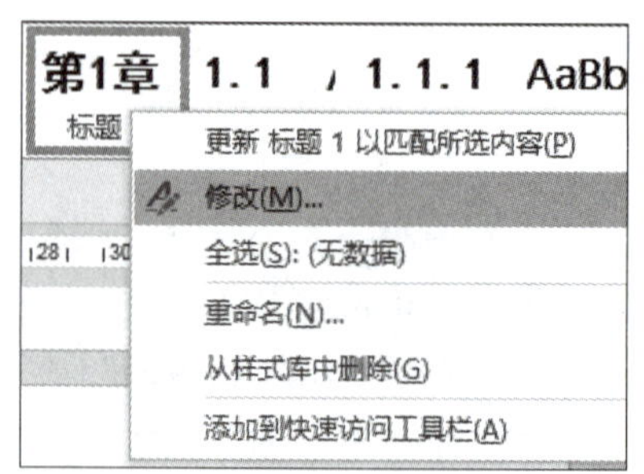

图 4-42　选择“修改”命令

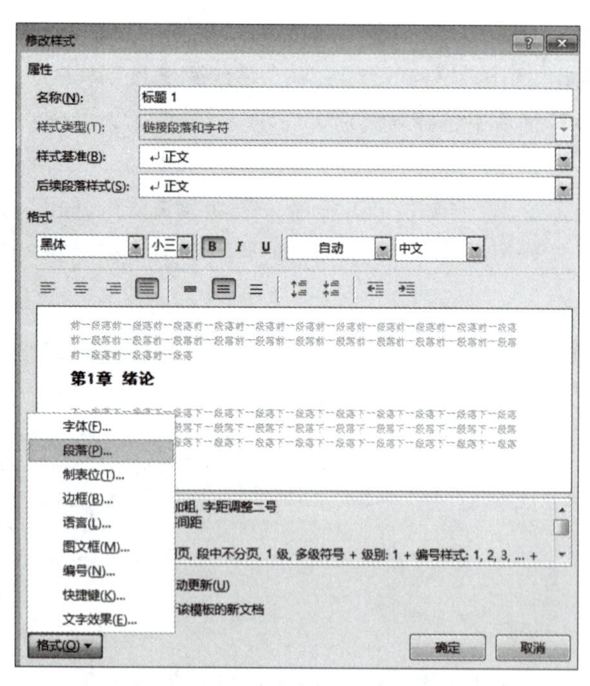

图 4-43　“修改样式”对话框

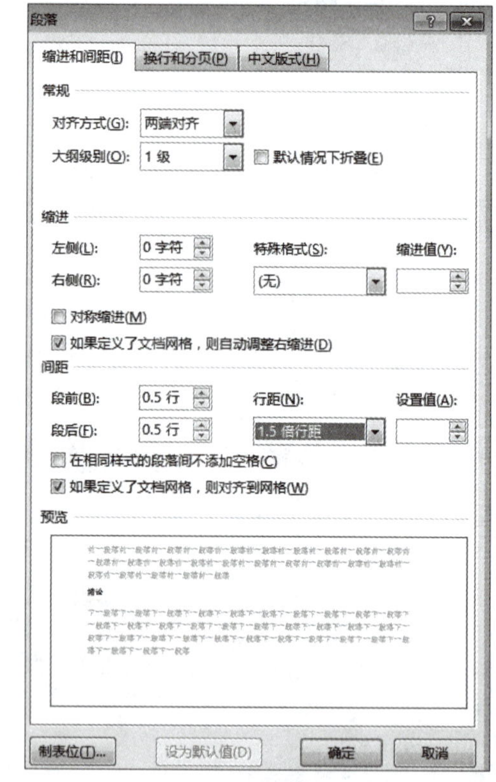

图 4-44　“段落”对话框

⑥ 节标题格式和条标题格式调整：在“开始”选项卡的“样式”组中选择“1.1 标题 2”，“1.1.1 标题 3”进行样式修改，修改方法同上。

步骤 2：进行操作要求（4）的设置。

① 新建样式。将光标置于第一段正文处，单击“开始”选项卡“样式”组右下角的对话框启动器按钮，打开“样式”窗格，单击左下角的“新建样式”按钮，打开“根据格式化创建新样式”对话框。

在“根据格式设置创建新样式”对话框中输入样式名称：样式 1234；然后单击“格式”按钮（见图 4-45），在弹出的菜单中选中“字体”命令，在打开的“字体”对话框中设置：中文字体为“宋体”，西文字体为

Times New Roman，字号为“小四”；单击“确定”按钮。

继续单击“格式”按钮，在弹出的菜单中选择“段落”命令，在打开的“段落”对话框中设置：首行缩进 2 字符，段前 0 行，段后 0 行，行距 1.5 倍；单击“确定”按钮。

其余格式不要改动，在“根据格式设置创建新样式”对话框中选中“自动更新”复选框，单击“确定”按钮结束。可以看到，在“样式”任务窗格及“样式”组快速样式库中均增加了一项“样式 1234”。

② 样式应用。将光标依次置于各段正文中（注意：不包括章名、小节名、表文字、表和图的题注），然后单击“开始”选项卡“样式”组快速样式库中的“样式 1234”，即可快速设置所有正文样式。

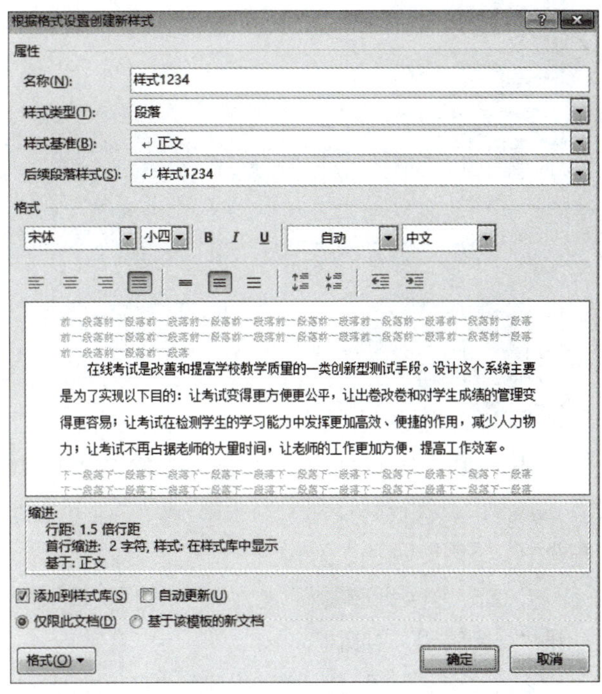

图 4-45　“根据格式设置创建新样式”对话框

步骤 3：进行操作要求（5）的设置。

插入脚注：将光标置于“昀朵网上考试系统的设计与实现”文字后，”单击“引用”选项卡“脚注”组中的“插入脚注”按钮，光标自动跳转到插入脚注文本的当前页面底部，输入注释文字“作者：2017 计科 2 班王爽”。插入脚注的文字后会自动添加上标符号，本页底部有相应的注释文字。

步骤 4：进行操作要求（6）的设置。

题注通常是对文章中表格、图片或图形、公式或方程等对象的下方或上方添加的带编号的注释说明。生成题注编号的前提是必须将标题中的章节符号转变成自动编号。

① 插入表题注：

- 将光标置于表的上方文字前。单击“引用”选项卡“题注”组中的“插入题注”按钮，打开“题注”对话框，如图 4-46 所示。
- 单击“新建标签”按钮，打开“新建标签”对话框，在文本框中输入“表”，单击“确定”按钮返回“题注”对话框，在“选项”栏的“标签”下拉列表中选择“表”；单击“编号”按钮，打开“题注编号”对话框，选中“包含章节号”复选框，单击“确定”按钮返回，然后单击“自动插入题注”按钮，打开“自动插入题注”对话框，选中“Microsoft Word 表格”复选框，设置“使用标签”为“表”，“位置”为“项目上方”，如图 4-47 所示。如果表格文字前没有插入题注，再次单击“引用”选项卡“题注”组中的“插入题注”按钮，在“选项”栏的“标签”中选择“表”，确认题注正确后，单击“确定”按钮。

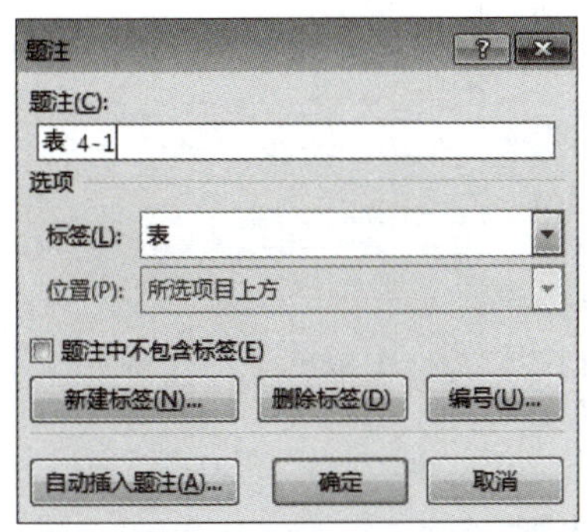

图 4-46　“题注”对话框（表）

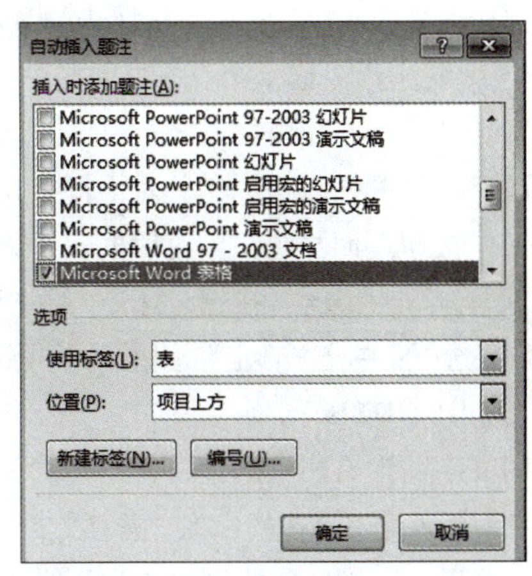

图 4-47　“自动插入题注”对话框

② 题注和表居中。分别选中题注和表，单击“开始”选项卡“段落”组中的“居中”对齐按钮。

注意：

为表格设置自动插入题注后，当再次插入或粘贴表格时，都会在表格上方自动生成表格题注编号，用户只需要输入表格的注释文字即可。当不再需要自动插入题注功能时，只需要再次打开“题注”对话框，取消选中不需要进行自动编号的对象的复选框。如果用户增删或移动了其中的某个图表，其他图表的标签也会相应自动改变。如果没有自动改变，可以选中所有文档，然后在右键菜单中选择“更新域”命令。要注意删除或移动图表时，应删除原标签。

步骤 5：进行操作要求（7）的设置。

前提：必须对该表用插入题注的方法生成表的题注编号。

准备：查找或移动到文档中第一处“如下表所示”，并选中“下表”两字。

① 单击“开始”选项卡“题注”组中的“交叉引用”按钮，打开“交叉引用”对话框。

② 在“交叉引用”对话框中，设置“引用类型”为“表”，“引用内容”为“只有标签和编号”，“引用哪一个题注”（即要连接的表题注）为“表 4-1 用户表（account）”，然后单击“插入”按钮，如图 4-48 所示。此时，原来文字“如下表所示”自动变成“如表 4-1 所示”，即完成第一处插入。

③ 移动光标到下一处“如下表所示”，并选中“下表”两字。重复②中操作，直到全部插入完毕，最后单击“关闭”按钮退出。

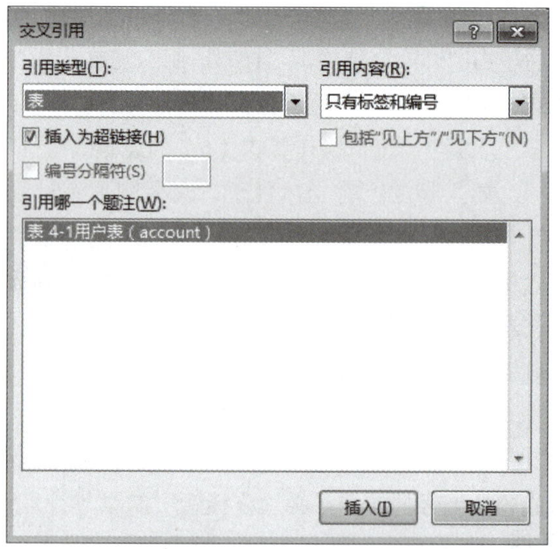

图 4-48 “交叉引用”对话框

注意：

当题注的交叉引用发生变化后，不会自动调整，需要用户自己“更新域”。“域”的更新方法如下：鼠标指向该“域”右击，在弹出的快捷菜单中选择“更新域”命令，即可更新域中的自动编号；若有多处，可以全选（按【Ctrl+A】组合键）后再更新；更新域也可以使用快捷键【F9】。

步骤 6：进行操作要求（8）的设置。

生成题注编号的前提是必须将标题中的章节符号转变成自动编号。

① 插入图题注。将光标置于图的下方文字前，单击“引用”选项卡“题注”组中的“插入题注”按钮，打开“题注”对话框。单击“新建标签”按钮，打开“新建标签”对话框，在文本框中输入“图”，单击“确定”按钮返回“题注”对话框，在选项栏“标签”下拉列表中选择“图”；单击“编号”按钮，打开“题注编号”对话框，选中“包含章节号”复选框，单击“确定”按钮返回“题注”对话框，再单击“确定”按钮，如图 4-49 所示。

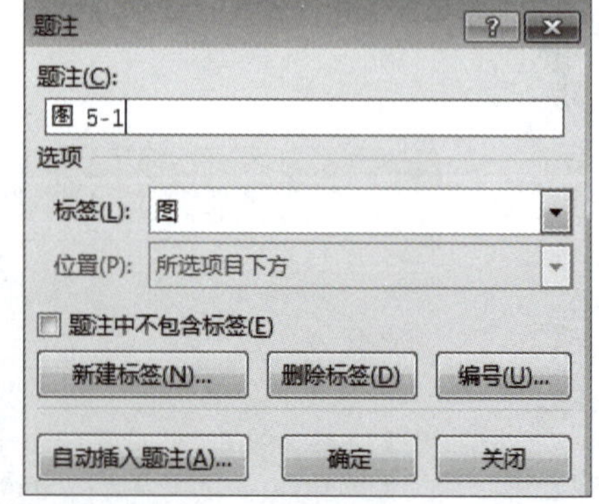

图 4-49 “题注”对话框（图）

如果图文字前没有插入题注，可以再次单击“引用”选项卡“题注”组中的“插入题注”按钮，在“选项”栏“标签”中选择“图”，确认题注正确后，单击“确定”按钮。为其他图插入题注很简单，选中图后右击，在弹出的快捷菜单中选择“插入题注”命令，在打开的“题注”对话框中直接单击“确定”按钮即可。如果需要在编号后再增加一些说明文字，可以在“题注”对话框的“题注”文本框的题注编号后直接输入说明文字。

② 题注和图居中。分别选中题注和图，单击“开始”选项卡“段落”组中的“居中”对齐按钮。

步骤 7：进行操作要求（9）的设置。

前提：必须对该图用插入题注的方法生成图的题注编号。

准备：查找或移动到文档中第一处“如下图所示”，并选中“下图”两字。

① 单击“开始”选项卡“题注”组中的“交叉引用”按钮，打开“交叉引用”对话框。

② 在“交叉引用”对话框中，设置“引用类型”为“图”，“引用内容”为“只有标签和编号”，“引用哪一个题注”（即要连接的图题注）为“图 5-1 登录界面”，如图 4-50 所示。然后单击“插入”按钮，此时，原来文字“如下图所示”自动变成“如图 5-1 所示”，即完成第一处插入。

③ 移动光标到下一处“如下图所示”，并选中“下图”两字。重复②中操作，直到全部插入完毕，最后单击“关闭”按钮退出。

2. 分节处理

操作要求如下：

对正文做分节处理，每章为单独一节。

“节”是文档版面设计的最小有效单位，可以以节为单位设置页边距、纸型和方向、页眉和页脚、页码、脚注和尾注等多种格式类型。

Word 将新建整篇文档默认为一节，划分为多节主要是通过“布局”选项卡“页面设置”组中的“分隔符”按钮来设置的，设置后在草稿视图方式下可以用删除字符的方法删除分节符。

分节符类型共有四种：下一页（新节从下一页开始）、连续（新节从同一页开始）、偶数页（新节从下一个偶数页开始）、奇数页（新节从下一个奇数页开始）。

操作步骤如下：

步骤：将光标置于文字“第 2 章”后（文字“系统开发工具和技术”前），单击“布局”选项卡“页面设置”组中的“分隔符”按钮，在弹出的下拉列表的“分节符”区中选择“下一页”命令，如图 4-51 所示。重复上述操作，直到每章都分节完毕为止。

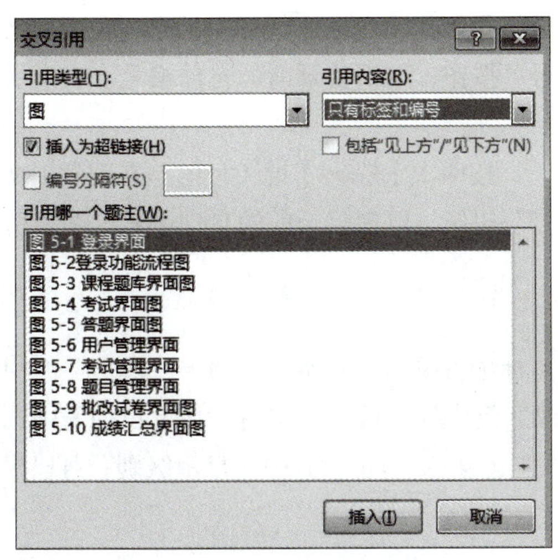

图 4-50　图的交叉引用

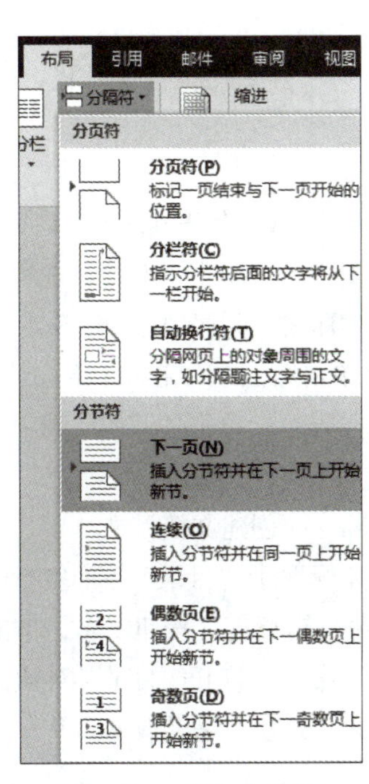

图 4-51　插入分节符

3. 生成目录和索引

操作要求：在正文前按序插入节，使用“引用”中的目录功能，生成如下内容。

（1）第 1 节：目录。其中：

①“目录”使用样式“标题 1”，并居中。

②“目录”下为目录项。

（2）第 2 节：表索引。其中：

①“表索引”使用样式“标题 1”，并居中。

②“表索引”下为表索引项。

（3）第 3 节：图索引。其中：

①“图索引”使用样式“标题 1”，并居中。

②“图索引”下为图索引项。

操作步骤如下：

步骤 1：在文档最前面插入三节。单击“视图”选项卡“视图组”中的“草稿”按钮，进入草稿视图模式。

将光标选中“第 1 章”文字，单击“布局”选项卡“页面设置”组中的“分隔符”按钮，在下拉列表的“分节符”区中选择“下一页”命令。重复上述操作，再插入两个“下一页”分节符，如图 4–52 所示。

步骤 2：进行操作要求（1）~（3）的设置。

① 单击第一个分节符（下一页），输入文字“目录”，按两次【Enter】键（目的是在目录文字下产生一个空行）；单击“开始”选项卡“段落”组中的“编号”按钮，取消目录前的自动编号。目录自动使用标题 1 样式，并居中。

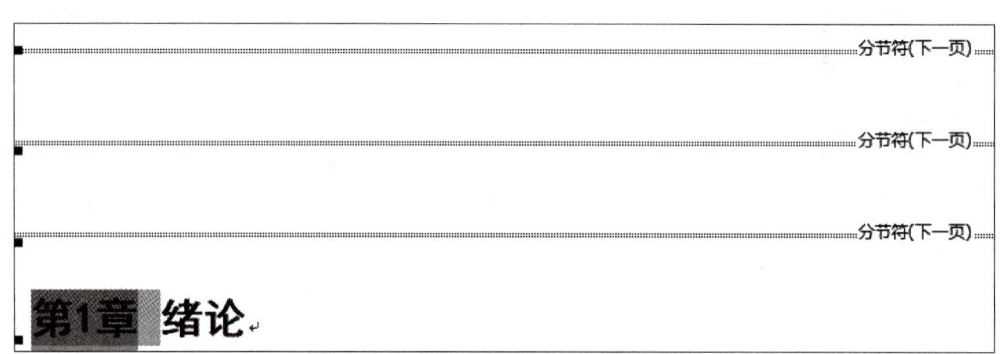

图 4–52 分节操作

② 单击第二个分节符（下一页），输入文字“表索引”，按两次【Enter】键（目的是在表索引文字下产生一个空行）；单击“开始”选项卡“段落”组中的“编号”按钮，取消目录前的自动编号。表索引自动使用标题 1 样式，并居中。

③ 单击第三个分节符（下一页），输入文字“图索引”，按两次【Enter】键（目的是在图索引文字下产生一个空行）；单击“开始”选项卡“段落”组中的“编号”按钮，取消目录前的自动编号。图索引自动使用标题 1 样式，并居中。

步骤 3：创建文档目录。

将光标置于“目录”下的空行（段落标记前，显示段落标记可单击“开始”选项卡“段落”组中的“显示 / 隐藏编辑标记”按钮），单击“引用”选项卡“目录”组中的“目录”按钮，在下拉列表中选择“插入目录”命令，打开“目录”对话框，单击“确定”按钮，如图 4–53 所示。其中“显示级别”可以根据实际需要设置，这里不需要改动。

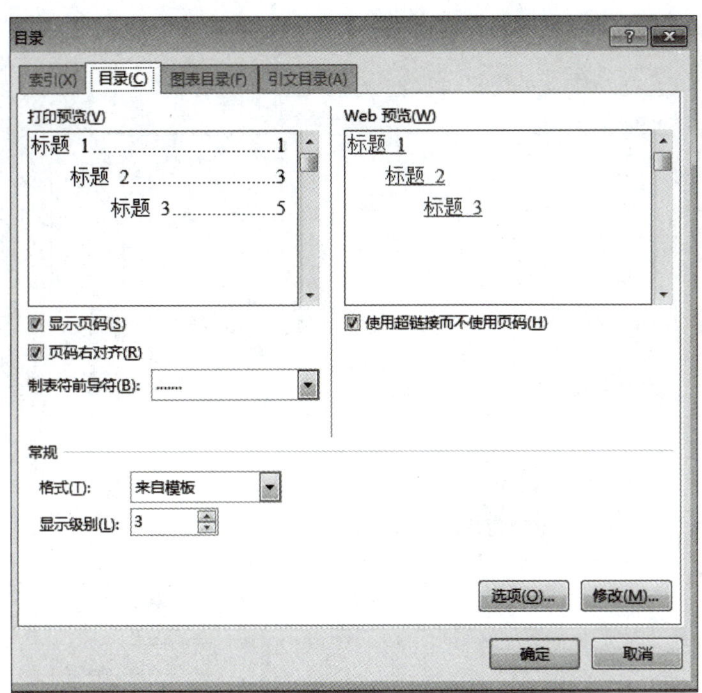

图 4-53　“目录”对话框

步骤 4：创建表目录。

将光标置于“表索引”下的空行，单击“引用”选项卡“题注”组中的“插入表目录”按钮，打开“图表目录”对话框，单击“确定”按钮，如图 4–54 所示。

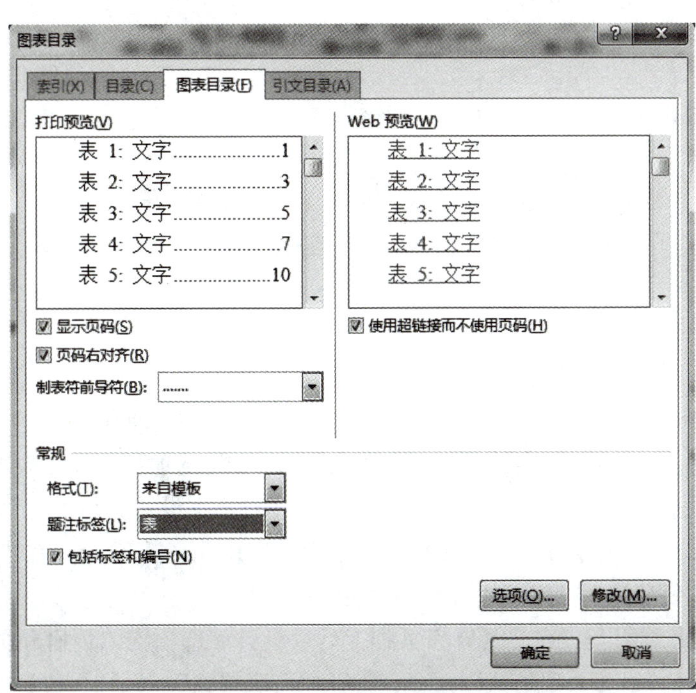

图 4–54　创建表目录

步骤 5：创建图目录。

将光标置于“图索引”下的空行，单击“引用”选项卡“题注”组中的“插入表目录”按钮，打开“图表目录”对话框，在“题注标签”下拉列表中选择“图”，单击“确定”按钮，如图 4–55 所示。

图 4-55　创建图目录

从创建的三种目录可以看出，自动生成的目录都带有灰色的域底纹，都是域。当标题和页号发生变化时，与题注和交叉引用一样，目录可以用“更新域”的方式更新。即在生成的目录区或选中目录区右击，在弹出的快捷菜单中选择“更新域”命令，在“更新目录”对话框中选择“只更新页码”或“更新整个目录”，单击“确定”按钮就可以完成目录的修改。

4. 添加页脚

操作要求：使用域，在页脚中插入页码，居中显示。

其中：

（1）正文前的节，页码采用“i,ii,iii,…”格式，页码连续，居中对齐。

（2）正文中的节，页码采用“1,2,3,…”格式，页码连续，居中对齐。

（3）更新目录、表索引和图索引。

操作步骤如下：

步骤 1：进行操作要求（1）的设置。

① 在页面视图下，将光标置于第 1 节中，单击“插入”选项卡“页眉和页脚”组中的“页码”按钮，在下拉列表中指向“页面底端”，在其级联菜单中选择“普通数字 2”选项。接着在“页眉和页脚工具 – 设计”选项卡“页眉和页脚”组中单击“页码”按钮，在下拉列表中选择“设置页码格式”命令（见图 4–56），打开“页码格式”对话框，在“编号格式”下拉列表中选择“Ⅰ,Ⅱ,Ⅲ,…”命令，在“页码编号”中选中“起始页码”单选按钮，单击“确定”按钮，如图 4–57 所示。

② 选中第 2 节页面底端页码，在“页眉和页脚工具 – 设计”选项卡“页眉和页脚”组中单击“页码”按钮，在下拉列表中选择“设置页码格式”命令，打开“页码格式”对话框，在“编号格式”下拉列表中选择“i，ii，iii，…”命令，在“页码编号”中选中“续前节”单选按钮，单击“确定”按钮。单击选中第 3 节页面底端页码，重复上述步骤，直到正文前各节设置完毕为止。

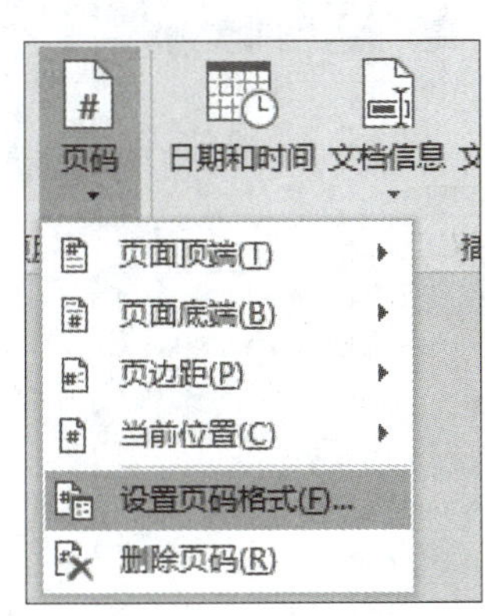

图 4-56　设置页码格式

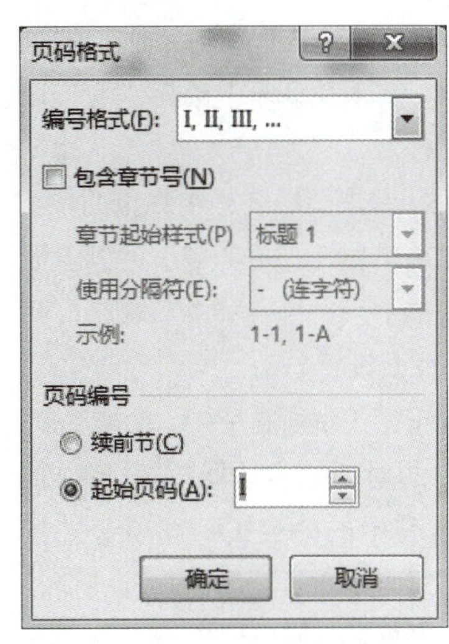

图 4-57　设置“目录页”页码格式

步骤 2：进行操作要求（2）的设置。

选中第 5 节页面底端页码(位于第 1 章首页)，在“页眉和页脚工具 - 设计”选项卡的“页眉和页脚”组中单击“页码”按钮，在下拉列表中选择“设置页码格式”命令，打开“页码格式”对话框，在“编号格式”下拉列表中选择“1，2，3，…”，在“页码编号”中选中“起始页码”单选按钮，单击“确定”按钮，如图 4-58 所示。最后在“页眉和页脚工具 - 设计”选项卡“关闭”组中单击“关闭页眉和页脚”按钮。

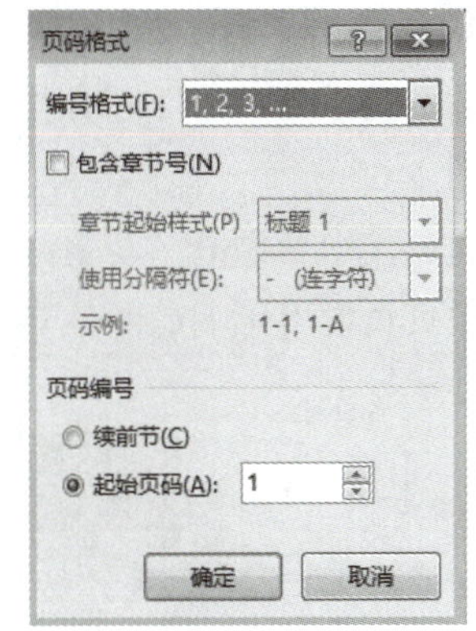

图 4-58　设置正文“页码格式”

步骤 3：进行操作要求（3）的设置。

选中“目录”“图索引”“表索引”各节，右击，在弹出的快捷菜单中选择“更新域”命令，相继弹出“更新目录”（见图 4-59）对话框、“更新图表目录”（见图 4-60）对话框，直接单击“确定”按钮。

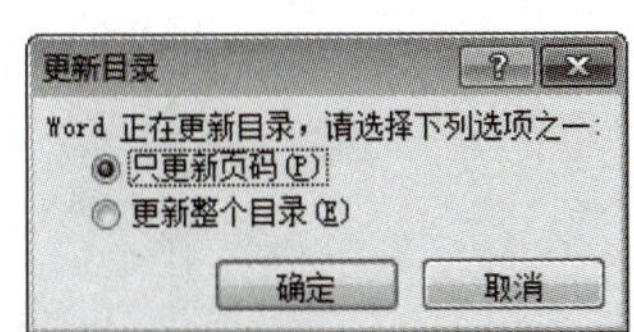

图 4-59　“更新目录”对话框

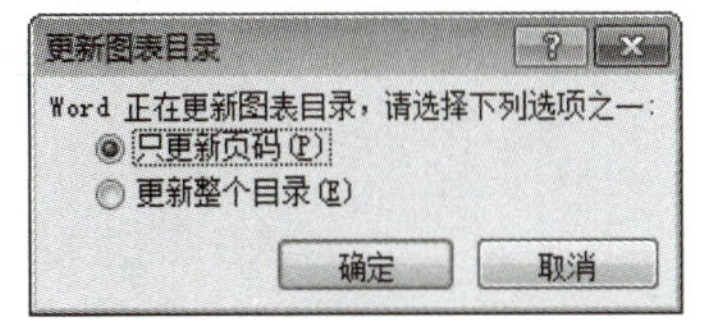

图 4-60　“更新图表目录”对话框

5. 添加正文的页眉

操作要求：使用域，按以下要求添加内容，居中显示。

其中：

（1）对于奇数页，页眉中的文字为“章序号”+“章名”。

（2）对于偶数页，页眉中的文字为“节序号”+“节名”。

在前面的应用中多处出现了域，比如自动添加的“章节编号和名称”、题注的引用、页脚中的“页码”，自动创建的目录等这些在文档中可能发生变化的数据都是域。

域由三部分组成：域名、域参数和域开关。域名是关键字；域参数是对域的进一步说明；域开关是特殊命令，用来引发特定操作。

常用的域有 Page 域（插入当前页的页号）、NumPages 域（插入文档中的总页数）、Toc 域（建立并插入目录）、StyleRef 域（插入具有样式的文本）和 MergeField 域（插入合并域，在邮件合并中使用）等。

在使用域时，通常单击“插入”选项卡“文本”组中的“文档部件”按钮，在下拉列表中选择“域”命令，打开“域”对话框进行操作。

插入域后，右击“域”，在弹出的快捷菜单中选择相应命令进行“编辑域”“更新域”“删除域”等操作。

操作步骤如下：

步骤 1：页面设置。

将光标置于第 1 章所在节中，单击“布局”选项卡“页面设置”组中的对话框启动器按钮，打开“页面设置”对话框，单击其中的“版式”选项卡进行设置。“节的起始位置”选择“新建页”命令，“页眉和页脚”选中“奇偶页不同”复选框，“应用于”选择“本节”（见图 4–61），单击“确定”按钮。重复上述步骤，直到每章都设置完毕。

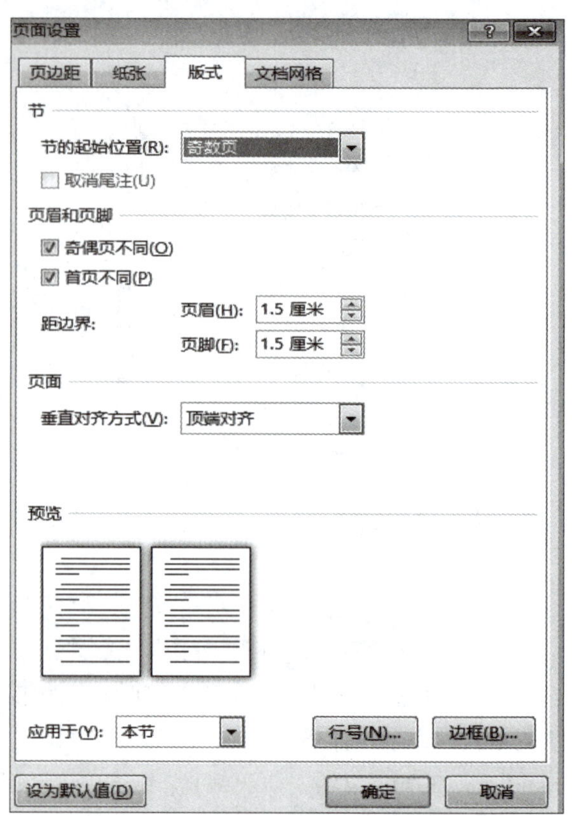

图 4–61　“页面设置”对话框

步骤 2：创建奇数页页眉。

① 双击“第 1 章”所在的页眉区域，光标将自动置于奇数页页眉处，并且自动出现“页眉和页脚工具”选项卡，如图 4–62 所示。单击“导航”组中的“链接到前一条页眉”按钮，使得页眉处“与上一节相同”取消，使本节设置的奇数页页眉不影响前面各节的奇数页页眉设置。

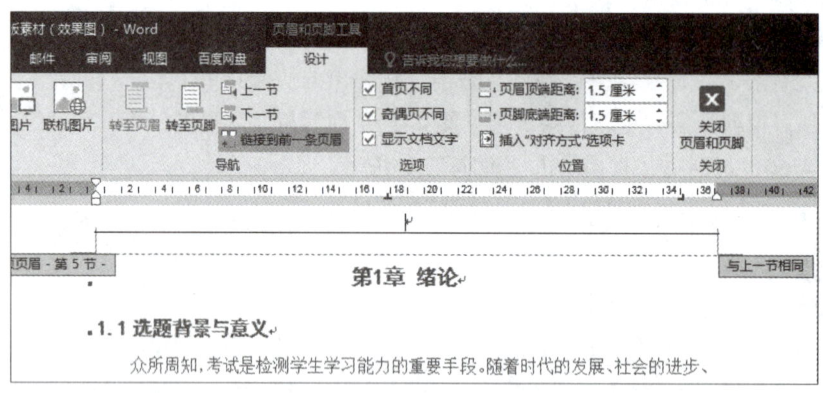

图 4–62　创建奇数页页眉

② 将光标置于奇数页页眉处，单击“插入”选项卡“文本”组中的“文档部件”按钮，在下拉列表中选择“域”命令，打开“域”对话框。“类别”选择“链接和引用”，“域名”选择 StyleRef 命令，“域属性”选择“标题 1”，“域选项”选中“插入段落编号”复选框（见图 4–63），单击“确定”按钮，插入奇数页页眉中的“章序号”。效果如图 4–64 所示。

③ 继续单击“插入”选项卡“文本”组中的“文档部件”按钮，在下拉列表中选择“域”命令，打开“域”对话框。“类别”选择“链接和引用”，“域名”选择 StyleRef，“域属性”选择“标题 1”命令，插入奇数页页眉中的“章名”，效果如图 4–65 所示。

步骤 3：创建偶数页页眉，与创建奇数页页眉类似。

① 创建奇数页页眉后，单击“页眉和页脚工具 – 设计”选项卡“导航”组中的“下一节”按钮，光标将自动跳转到偶数页（下一页）页眉处。单击“导航”组中的“链接到前一条页眉”按钮，使得页眉处“与上一节相同”取消，使本节设置的偶数页页眉不影响前面各节的偶数页页眉设置。

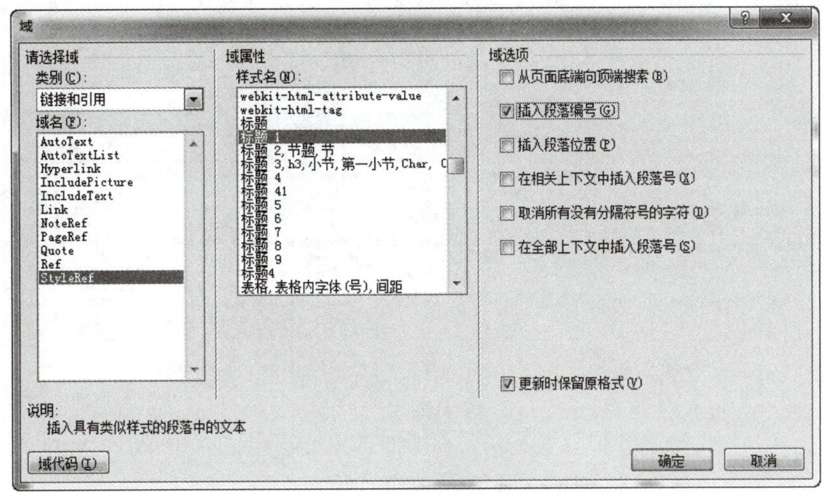

图 4-63　插入奇数页页眉中的“章序号”

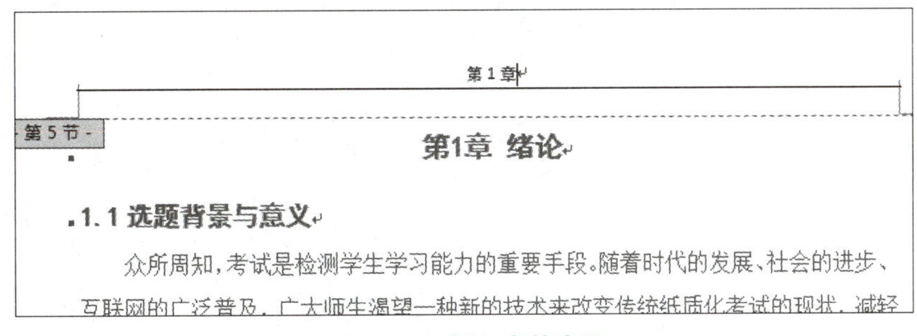

图 4-64　插入章节序号

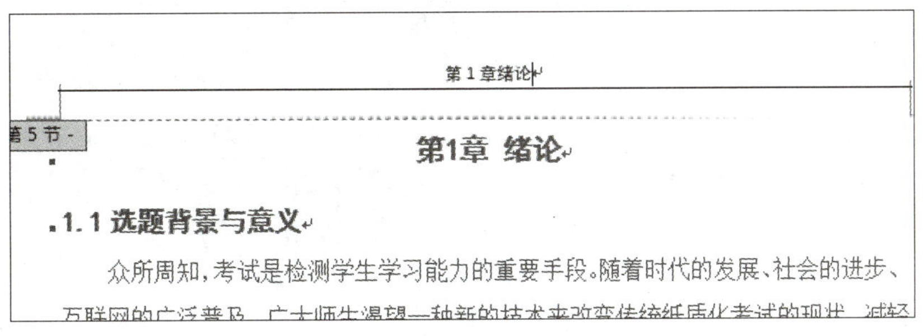

图 4-65　插入奇数页页眉中的“章名”

② 将光标置于偶数页页眉处，单击“插入”选项卡“文本”组中的“文档部件”按钮，在下拉列表中选择“域”命令，打开“域”对话框。“类别”选择“链接和引用”，“域名”选择 StyleRef，“域属性”选择“标题 2”，“域选项”选中“插入段落编号”单选按钮，单击“确定”按钮，插入偶数页页眉中的“节序号”。

③ 继续单击“插入”选项卡“文本”组中的“文档部件”按钮，在下拉列表中选择“域”命令，打开“域”对话框。“类别”选择“链接和引用”，“域名”选择 StyleRef，“域属性”选择“标题 2”，单击“确定”按钮，插入偶数页页眉中的“节名”。最后在“页眉和页脚工具 – 设计”选项卡“关闭”组中单击“关闭页眉和页脚”按钮。

设置完毕浏览文档，从开始到结尾检查所有设置是否正确。为了快速浏览，可把视图切换到其他方式，选中“视图”选项卡“显示”组中的“导航窗格”复选框，窗口左边出现“导航”窗格显示标题，右边显示所有内容。这样能快速地在各章节中跳转修改。

排版后部分效果如图 4-66 所示。

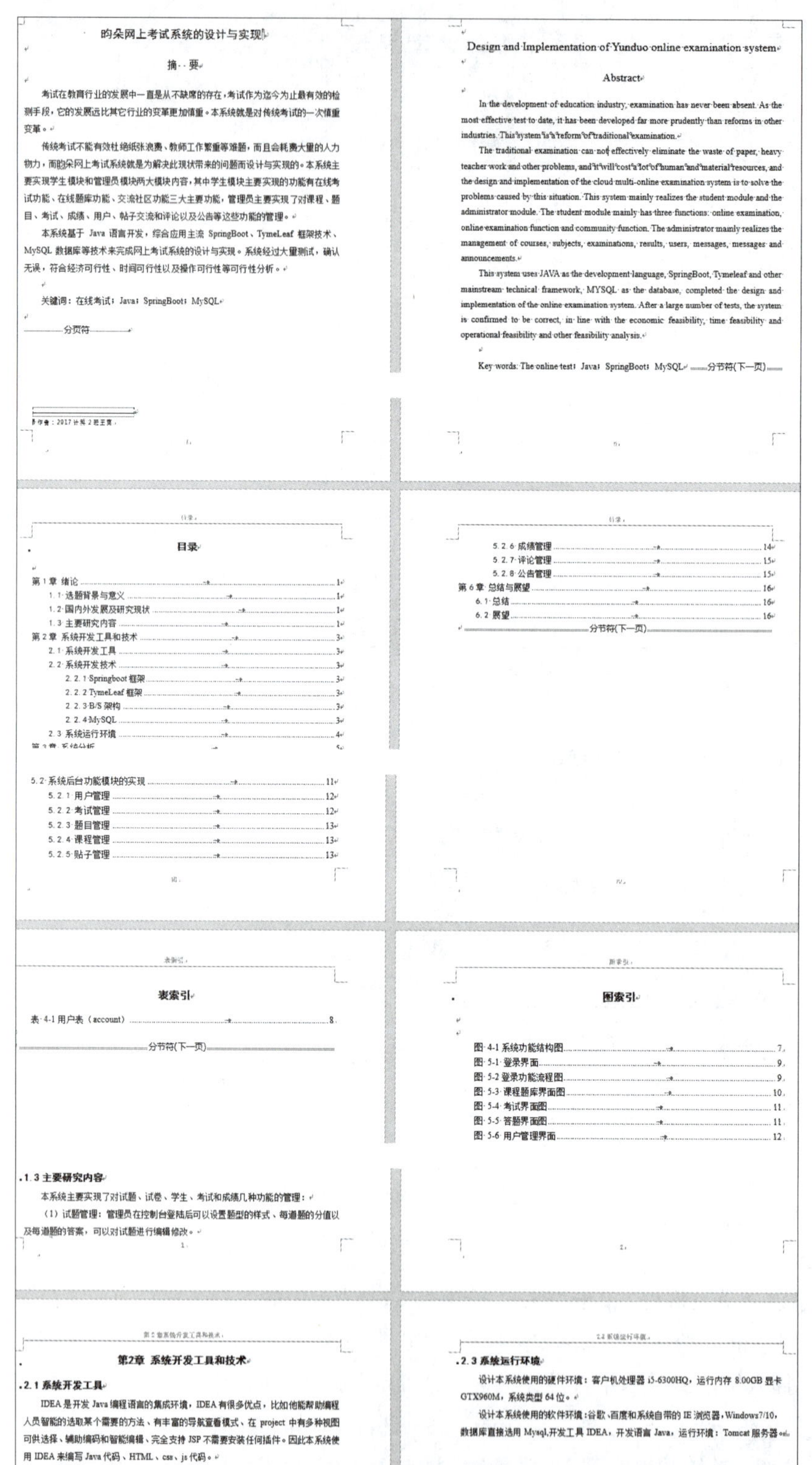

昀朵网上考试系统的设计与实现

摘　要

考试在教育行业的发展中一直是从不缺席的存在，考试作为迄今为止最有效的检测手段，它的发展远比其它行业的变革更加慎重。本系统就是对传统考试的一次慎重变革。

传统考试不能有效杜绝纸张浪费、教师工作繁重等难题，而且会耗费大量的人力物力，而昀朵网上考试系统就是为解决此现状带来的问题而设计与实现的。本系统主要实现学生模块和管理员模块两大模块内容，其中学生模块主要实现的功能有在线考试功能、在线题库功能、交流社区功能三大主要功能，管理员主要实现了对课程、题目、考试、成绩、用户、帖子交流和评论以及公告等这些功能的管理。

本系统基于 Java 语言开发，综合应用主流 SpringBoot、TymeLeaf 框架技术、MySQL 数据库等技术来完成网上考试系统的设计与实现。系统经过大量测试，确认无误，符合经济可行性、时间可行性以及操作可行性等可行性分析。

关键词：在线考试；Java；SpringBoot；MySQL

分页符

作者：2017 计科 2 班王莫

Design and Implementation of Yunduo online examination system

Abstract

In the development of education industry, examination has never been absent. As the most effective test to date, it has been developed far more prudently than reforms in other industries. This system is a reform of traditional examination.

The traditional examination can not effectively eliminate the waste of paper, heavy teacher work and other problems, and it will cost a lot of human and material resources, and the design and implementation of the cloud multi-online examination system is to solve the problems caused by this situation. This system mainly realizes the student module and the administrator module. The student module mainly has three functions: online examination, online examination function and community function. The administrator mainly realizes the management of courses, subjects, examinations, results, users, messages, messages and announcements.

This system uses JAVA as the development language, SpringBoot, Tymeleaf and other mainstream technical framework, MYSQL as the database, completed the design and implementation of the online examination system. After a large number of tests, the system is confirmed to be correct, in line with the economic feasibility, time feasibility and operational feasibility and other feasibility analysis.

Key words: The online test; Java; SpringBoot; MySQL　分节符(下一页)

目录

第 1 章 绪论 …… 1
1.1 选题背景与意义 …… 1
1.2 国内外发展及研究现状 …… 1
1.3 主要研究内容 …… 1
第 2 章 系统开发工具和技术 …… 3
2.1 系统开发工具 …… 3
2.2 系统开发技术 …… 3
2.2.1 Springboot 框架 …… 3
2.2.2 TymeLeaf 框架 …… 3
2.2.3 B/S 架构 …… 3
2.2.4 MySQL …… 3
2.3 系统运行环境 …… 4
5.2 系统后台功能模块的实现 …… 11
5.2.1 用户管理 …… 12
5.2.2 考试管理 …… 12
5.2.3 题目管理 …… 13
5.2.4 课程管理 …… 13
5.2.5 贴子管理 …… 13
5.2.6 成绩管理 …… 14
5.2.7 评论管理 …… 15
5.2.8 公告管理 …… 15
第 6 章 总结与展望 …… 16
6.1 总结 …… 16
6.2 展望 …… 16

分节符(下一页)

表索引

表 4-1 用户表（account） …… 8

分节符(下一页)

图索引

图 4-1 系统功能结构图 …… 7
图 5-1 登录界面 …… 9
图 5-2 登录功能流程图 …… 9
图 5-3 课程题库界面图 …… 10
图 5-4 考试界面图 …… 11
图 5-5 答题界面图 …… 11
图 5-6 用户管理界面 …… 12

1.3 主要研究内容

本系统主要实现了对试题、试卷、学生、考试和成绩几种功能的管理：

（1）试题管理：管理员在控制台登陆后可以设置题型的样式、每道题的分值以及每道题的答案，可以对试题进行编辑修改。

第2章　系统开发工具和技术

2.1 系统开发工具

IDEA 是开发 Java 编程语言的集成环境，IDEA 有很多优点，比如他能帮助编程人员智能的选取某个需要的方法、有丰富的导航查看模式、在 project 中有多种视图可供选择、辅助编码和智能编辑、完全支持 JSP 不需要安装任何插件。因此本系统使用 IDEA 来编写 Java 代码、HTML、css、js 代码。

2.3 系统运行环境

设计本系统使用的硬件环境：客户机处理器 i5-6300HQ，运行内存 8.00GB 显卡 GTX960M，系统类型 64 位。

设计本系统使用的软件环境：谷歌、百度和系统自带的 IE 浏览器，Windows7/10，数据库直接选用 Mysql,开发工具 IDEA，开发语言 Java，运行环境：Tomcat 服务器。

图 4-66　案例完成效果图（部分）

实验思考

（1）字符格式、段落格式和页面格式设置各包括了哪些内容？

（2）使用水平标尺可以进行哪些格式设置？

（3）脚注和尾注在什么情况下使用？

第 5 章 电子表格处理

基础实验 5.1 “参考书籍采购表”的制作

实验目的

（1）掌握工作表的数据输入方法。

（2）掌握工作表中字体格式、行高、列宽、边框设置操作。

（3）掌握公式的编辑方法。

（4）掌握排序、筛选、分类汇总等数据管理操作。

实验内容

（1）新建工作簿并在工作表中输入数据，如图 5-1 所示。设置标题为“参考书籍采购表”，表列标题字段名依次是“编号”“名称”“单价（元）”“学期”“份数”“总价”。

（2）格式化工作表。合并 A1:F1 单元格区域并居中，字体设置为华文彩云、加粗、20 号，行高为 35；将 A2:F8 单元格区域，字体设置为宋体、12 号；对齐方式为水平“居中”和垂直“居中”；添加内外边框线；行高为 22。

（3）使用公式完成“总价”数据列计算。

（4）数据排序。将每学期的订购“份数”按照“降序”排序。

（5）自动筛选。筛选出订阅“10 > 份数 > 5”的数据记录。

（6）高级筛选。筛选出第一学期“份数 > =7”且第二学期“份数 >=8”的数据记录。

（7）分类汇总。按每学期对总价进行求和分类汇总。

实验步骤

1. 新建工作簿并在工作表中输入数据

步骤 1：启动 Excel 2016，按【Ctrl+S】组合键，在打开的对话框中以“参考书籍采购表”命名该工作簿。

步骤 2：将 Sheet1 工作表重命名为“2021 年”，在 A1 单元格中输入“参考书籍采购表”，在 A2:F2 单元格中依次输入“编号”“名称”“单价（元）”“学期”“份数”“总价”。

步骤 3：使用填充柄填充 A3:A8 单元格内容，在 B3:E8 中输入对应内容。

2. 格式化工作表

步骤 1：选中 A1:F1 单元格区域，单击“开始”选项卡“对齐方式”组中的“合并后居中”下拉按钮，在下拉列表中选择“合并后居中”命令。

步骤 2：选中合并后的 A1 单元格，依次在“开始”选项卡“字体”组中的“字体”下拉列表、“字号”下拉列表选择“华文彩云”字体、“20”字号。单击加粗按钮对字体加粗。

步骤 3：选中合并后的 A1 单元格，单击“开始”选项卡“单元格”组中的“格式”下拉按钮，在下拉列表中选择“行高”命令，在打开的“行高”对话框中输入 35，如图 5-2 所示。

参考书籍采购表					
编号	名称	单价（元）	学期	份数	总价
SDSJ01	计算机导论	36	第1学期	7	252
SDSJ02	EXCEL财务分析	38	第2学期	6	228
SDSJ03	C语言设计	45	第2学期	8	360
SDSJ04	动态网站开发实例	42	第1学期	4	168
SDSJ05	PYTHON程序设计	59	第2学期	10	590
SDSJ06	嵌入式系统分析与设计	80	第1学期	5	400

2021年

图 5-1　参考书籍采购表

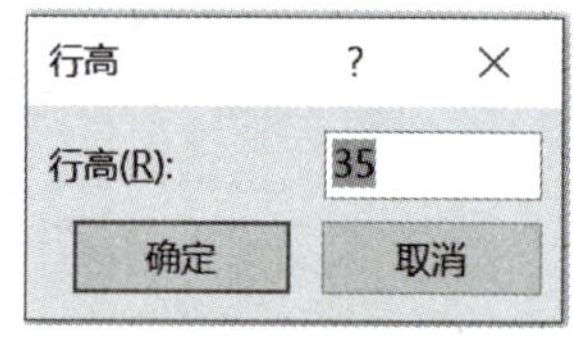

图 5-2　“行高”对话框

步骤 4：选中 A2:F8 单元格区域，依次在“开始”选项卡“字体”组中的“字体”下拉列表、“字号”下拉列表中选择“宋体”字体、“12”字号。

步骤 5：选中 A2:F8 单元格区域，单击“开始”选项卡“对齐方式”组中的“垂直居中”和“居中”按钮。

步骤 6：选中 A2:F8 单元格区域，单击“开始”选项卡的“字体”组的“边框”按钮，在下拉列表中选择“所有边框”命令。

步骤 7：选中 A2:F8 单元格区域，单击“开始”选项卡的“单元格”组中的“格式”按钮，在下拉列表中选择“行高”命令，在打开的“行高”对话框中输入 20。

3. 使用公式完成“总价”数据列计算

步骤 1：选中 F3 单元格，在该单元格中输入公式“=C3*E3”，即单价与份数的乘积，按【Enter】键。

步骤 2：选中 F3 单元格，使用填充柄拖动至 F8 单元格，计算出每本书的采购总金额。计算结果参见图 5-1。

4. 数据排序

步骤 1：选中待排序数据表中的任一单元格。

步骤 2：单击“数据”选项卡“排序和筛选”组中的“排序”按钮，在打开的“排序”对话框中进行相应设置，如图 5-3 所示。其中“学期”按照“升序”或“降序”排序都可。单击“确定”按钮，排序结果如图 5-4 所示。

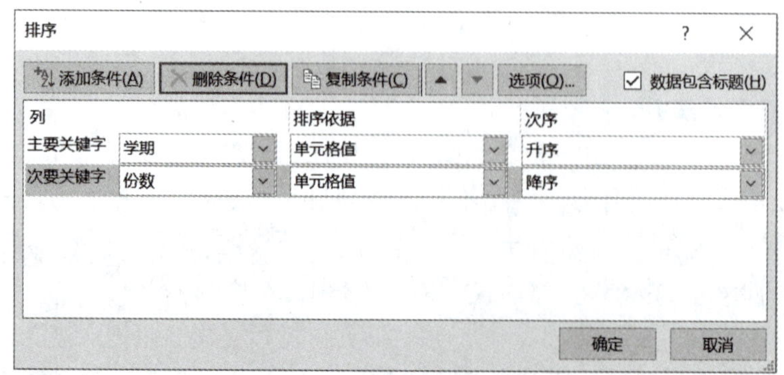

图 5-3　设置多关键字排序

	A	B	C	D	E	F
1	参考书籍采购表					
2	编号	名称	单价（元）	学期	份数	总价
3	SDSJ01	计算机导论	36	第1学期	7	252
4	SDSJ06	嵌入式系统分析与设计	80	第1学期	5	400
5	SDSJ04	动态网站开发实例	42	第1学期	4	168
6	SDSJ05	PYTHON程序设计	59	第2学期	10	590
7	SDSJ03	C语言设计	45	第2学期	8	360
8	SDSJ02	EXCEL财务分析	38	第2学期	6	228

图 5–4　排序结果

5. 筛选订阅“10 ＞份数＞ 5”的数据记录

步骤 1：选择数据清单中的任意单元格。

步骤 2：单击“数据”选项卡“排序和筛选”组中的“筛选”按钮，单击“份数”列的筛选按钮，在下拉列表中指向“数字筛选”，然后选择其中的“介于”命令，打开“自定义自动筛选方式”对话框，在其中进行相应设置（见图 5–5），单击“确定”按钮。筛选出订阅“10> 份数 >5”的数据记录如图 5–6 所示。

步骤 3：单击“筛选”按钮取消筛选。

图 5–5　设置筛选条件

	A	B	C	D	E	F
1	参考书籍采购表					
2	编号	名称	单价（元）	学期	份数	总价
3	SDSJ01	计算机导论	36	第1学期	7	252
4	SDSJ06	嵌入式系统分析与设计	80	第1学期	5	400
6	SDSJ05	PYTHON程序设计	59	第2学期	10	590
7	SDSJ03	C语言设计	45	第2学期	8	360
8	SDSJ02	EXCEL财务分析	38	第2学期	6	228

图 5–6　自动筛选结果

6. 筛选第一学期“份数≥ 7”，第二学期“份数≥ 8”的数据记录

步骤 1：在数据区域下方（或右侧）输入筛选条件，如图 5–7 所示。注意筛选条件必须与数据区域间隔 1 行或 1 列。

步骤 2：选择数据清单中的任意单元格，单击“数据”选项卡“排序和筛选”组中的高级按钮，打开“高级筛选”对话框。然后单击按钮选择参与筛选的“列表区域”（$A$2:$F$8）和“条件区域”（$B$10:$C$12），单击“确定”按钮。筛选数据记录如图 5-8 所示。

参考书籍采购表					
编号	名称	单价（元）	学期	份数	总价
SDSJ01	计算机导论	36	第1学期	7	252
SDSJ06	嵌入式系统分析与设计	80	第1学期	5	400
SDSJ04	动态网站开发实例	42	第1学期	4	168
SDSJ05	PYTHON程序设计	59	第2学期	10	590
SDSJ03	C语言设计	45	第2学期	8	360
SDSJ02	EXCEL财务分析	38	第2学期	6	228
	学期	份数			
	第1学期	>=7			
	第2学期	>=8			

图 5-7 筛选条件

参考书籍采购表					
编号	名称	单价（元）	学期	份数	总价
SDSJ01	计算机导论	36	第1学期	7	252
SDSJ05	PYTHON程序设计	59	第2学期	10	590
SDSJ03	C语言设计	45	第2学期	8	360
	学期	份数			
	第1学期	>=7			
	第2学期	>=8			

图 5-8 高级筛选结果

7. 按每学期对总价进行求和分类汇总

步骤 1：对“学期”按升序或降序排序。

步骤 2：选择数据清单中的任意单元格。单击“数据”选项卡“分级显示”组中的“分类汇总”按钮，打开“分类汇总”对话框，设置内容如图 5-9 所示。单击“确定”按钮，分类汇总结果如图 5-10 所示。

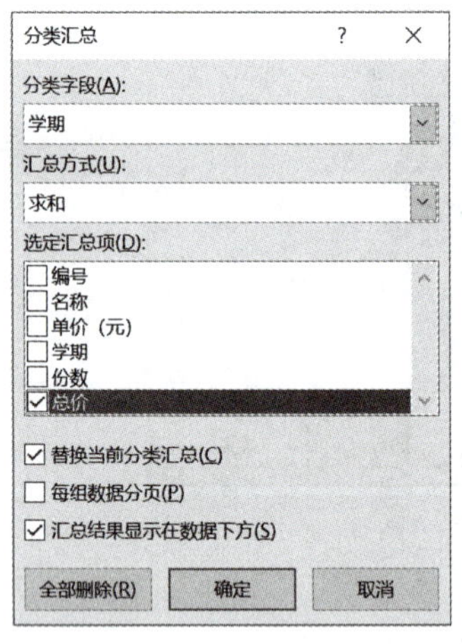

图 5-9 “分类汇总”对话框

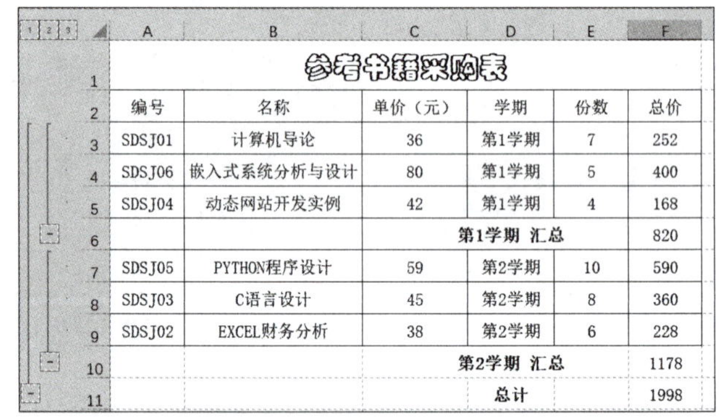

参考书籍采购表					
编号	名称	单价（元）	学期	份数	总价
SDSJ01	计算机导论	36	第1学期	7	252
SDSJ06	嵌入式系统分析与设计	80	第1学期	5	400
SDSJ04	动态网站开发实例	42	第1学期	4	168
			第1学期 汇总		820
SDSJ05	PYTHON程序设计	59	第2学期	10	590
SDSJ03	C语言设计	45	第2学期	8	360
SDSJ02	EXCEL财务分析	38	第2学期	6	228
			第2学期 汇总		1178
			总计		1998

图 5-10 分类汇总效果图

实验思考

（1）如何使用“参考书籍采购表”的 2021 年工作表制作 2022 年工作表？

（2）如何将“参考书籍采购表”中“份数”大于 7 的单元格设置为“绿色填充浅绿色文本？

基础实验 5.2 “车辆使用情况表”数据统计及分析

实验目的

（1）掌握不同函数的功能及使用方法。

（2）掌握图表的创建、编辑及美化方法。

（3）掌握数据透视表和数据透视图的创建方法。

实验内容

（1）使用公式或函数计算。使用 HLOOKUP 函数计算“单价”，使用公式计算“使用时间”，使用 IF 函数计算“应付金额”，如图 5-11 所示。

	A	B	C	D	E	F	G
1	价目表(元/时)						
2	自行车	电动车	电动汽车				
3	2	5	20				
4							
5	车辆使用情况统计表						
6	车牌	车型	单价	开始时间	结束时间	使用时间	应付金额
7	QC01	电动汽车	20	6:10:00	9:22:10	3:12:10	60
8	DC01	电动车	5	7:10:00	7:25:09	0:15:09	5
9	AXC01	自行车	2	8:10:00	8:50:09	0:40:09	2
10	AXC02	自行车	2	9:10:00	10:00:10	0:50:10	2
11	DC02	电动车	5	9:10:00	11:29:10	2:19:10	10
12	AXC03	自行车	2	10:10:05	12:20:02	2:09:57	4
13	QC02	电动汽车	20	13:10:08	13:40:12	0:30:04	20
14	DC03	电动车	5	15:10:00	16:10:09	1:00:09	5
15	QC03	电动汽车	20	20:10:00	20:18:00	0:08:00	20

图 5-11　车辆使用情况表

（2）图表制作。完成对“车辆使用消费金额（元）”图表的创建、编辑及格式化，如图 5-12 所示。

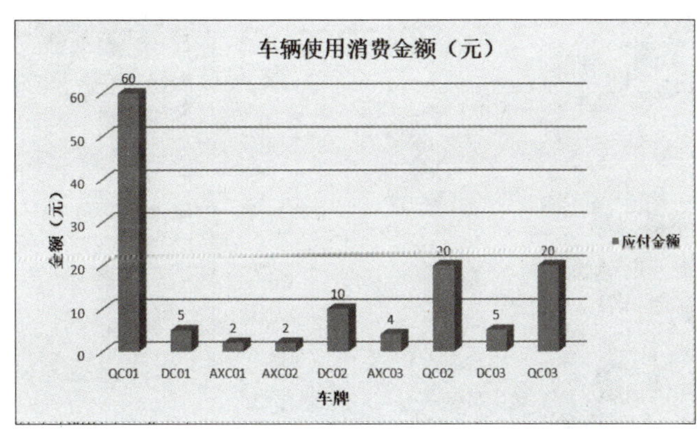

图 5-12　“车辆使用消费金额（元）”图表

（3）数据透视表和数据透视图制作。

实验步骤

1. 使用公式或函数计算

步骤 1：完成“单价”计算。选中 C7 单元格，在 C7 单元格中输入公式“=HLOOKUP(B7:B15,$A$2:$C$3,2,FALSE)”，然后按【Enter】键确认，使用填充柄向下填充至 C15 单元格。

步骤 2：完成“使用时间”计算。在 F7 单元格中输入公式“=E7-D7”计算使用时间，使用填充柄向下填充。

步骤 3：完成“应付金额”计算。用车按小时收费，对于不满 1 小时的按照 1 小时计费。对于超过整点小时数 20 分钟的多累积 1 小时。在 G7 单元格中输入“=IF(HOUR(F7)<1,C7,IF(MINUTE(F7)>20,(HOUR(F7)+1)*C7,HOUR(F7)*C7))”，然后按【Enter】键确认。使用填充柄向下填充。

2. 图表制作

步骤 1：按住【Ctrl】键，分别选择“车牌”（A6:A15）和“应付金额”（G6:G15）列，插入“三维簇状柱形图”。

步骤 2：在“图表工具 – 设计”选项卡的“图表布局”组中，单击“添加图表元素”下拉按钮，依次添加图表标题“车辆使用消费金额（元）”，横坐标轴标题“车牌”，纵坐标轴标题“金额（元）”，图例“应付金额”，数据标签，参见图 5–12。

步骤 3：打开“开始”选项卡“字体”组，分别设置图表标题字号为 16、宋体、加粗；坐标轴标题及图例字号为 12、宋体、加粗。

步骤 4：在“图表工具 – 格式”选项卡的“当前所选内容”组中选择“垂直轴主要网格线”选项，在“形状样式”组的“形状轮廓”列表中选择“红色”。

步骤 5：在“图表工具 – 格式”选项卡的“当前所选内容”组中选择“图表区”，在“形状样式”组的“形状填充”列表中选择“金色，个性色 4，80%”。

3. 数据透视表和数据透视图制作

步骤 1：单击“插入”选项卡“表格”组中的“数据透视表”按钮，打开“创建数据透视表”对话框，如图 5–13 所示。选择要分析的数据源范围为 Sheet1!$A$6:$G$15，选择数据透视表的放置位置为“新工作表”，单击“确定”按钮。

步骤 2：在“数据透视表字段”窗格（见图 5–14），把要分类的字段“车型”拖入“行”区，“车牌”拖入“列”区，要汇总的字段“应付金额”拖入“Σ值”区。生成的数据透视表如图 5–15 所示。

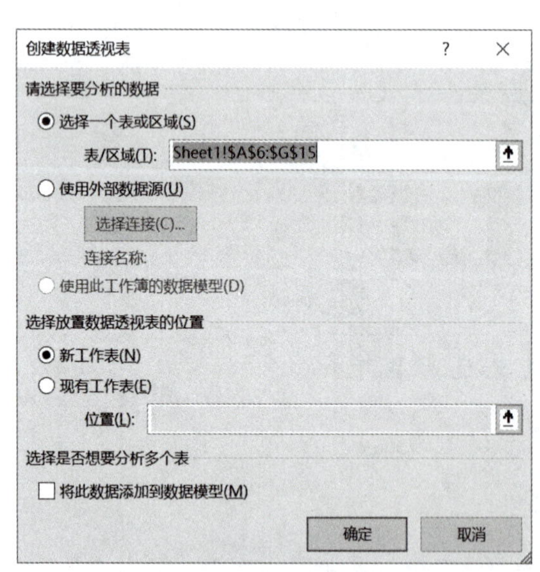

图 5–13 “创建数据透视表”对话框

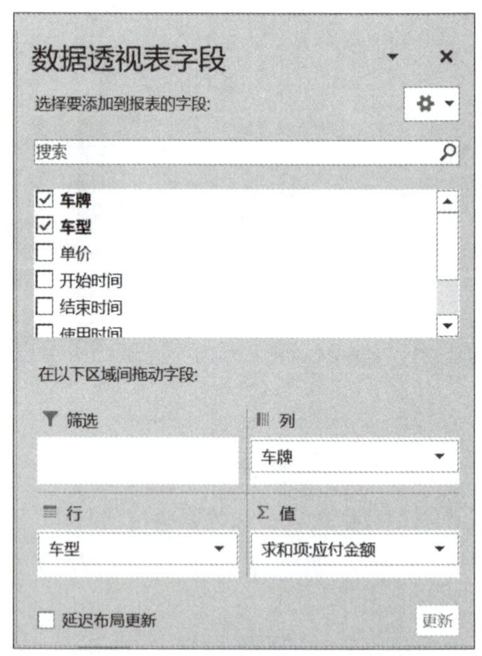

图 5–14 “数据透视表字段”窗格

步骤 3：单击“数据透视表工具 – 分析”选项卡“工具”组中的“数据透视图”按钮，打开“插入图表”对话框，选择选择“柱形图”，单击“确定”按钮。

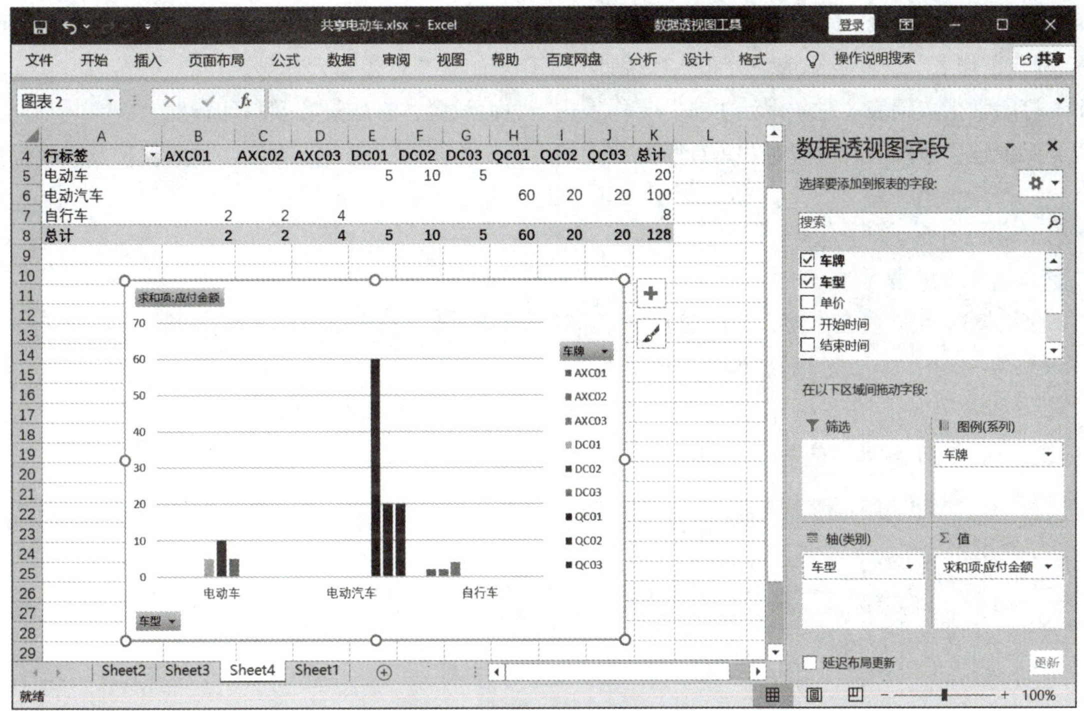

图 5-15　数据透视表和数据透视图

实验思考

（1）如何计算“应付金额”列中金额最大值、最小值、总和、总平均值？

（2）在“数据透视表字段”对话框中交换“车型”“车牌”位置，会有什么变化？

综合实验　“学生成绩表”的制作与管理

实验目的

（1）巩固工作表的基本操作。

（2）巩固常用公式或函数的应用。

（3）巩固常用数据管理方法的应用。

（4）巩固数据图表化的应用。

（5）掌握对工作表的打印设置常用操作。

（6）掌握对工作簿和工作表的保护设置方法。

实验内容

（1）制作学生成绩表。创建工作簿，在工作表中录入数据。

（2）格式化学生成绩表。打开“审计学专业成绩表”工作簿，选择“审计 1 班”工作表，完成“字体”“对齐方式”“单元格大小”“边框”“条件格式”等格式化设置。

（3）计算学生成绩表。使用公式完成“总成绩”计算，使用函数完成“排名”计算，使用函数分别完成“平时成绩”“实验成绩”“期末成绩”的最高分、最低分计算。使用函数完成“不及格人数”计算。

（4）制作学生成绩表图表。选择“审计 1 班”工作表数据，完成图表的创建、编辑及美化。

（5）管理学生成绩表。完成对“审计 1 班”工作表的数据排序、分类汇总。完成对“审计 1 班”工作表、“审计 2 班”工作表、“专业总成绩分布人数统计”工作表的数据链接与合并等操作。

（6）打印学生成绩表。对“审计 1 班”工作表进行页面设置，打印设置及打印预览。

（7）保护学生成绩表。设置对“审计学专业成绩表”工作簿、“审计 1 班”工作表保护及撤销保护。

实验步骤

1. 制作学生成绩表

步骤 1：新建一个空白工作簿，文件命名为“审计学专业成绩表”。

步骤 2：将 Sheet1 工作表重命名为“审计 1 班”。

步骤 3：选择“审计 1 班”工作表，单击 A1 单元格，输入“《计算机应用基础》成绩表”。在 A2:H2 输入各列标题，在 A3:F8 输入对应数据，如图 5-16 所示。

	A	B	C	D	E	F	G	H
1	《计算机应用基础》成绩表							
2	学号	姓名	性别	平时成绩	实验成绩	期末成绩	总成绩	排名
3	SDKJ20190101	王阳	男	86	92	78		
4		张鑫鑫	女	90	88	82		
5		王亚丽	女	87	96	80		
6		刘孟	男	65	76	78		
7		周娜娜	女	68	80	56		
8		张磊	男	67	70	76		
9								
10								

审计1班　审计2班

图 5-16　输入数据

步骤 4：合并 A1:H1 单元格区域并居中。使用“填充柄”将“学号”列填充完整。

步骤 5：设置 A1 行高为 25，A2:A8 行高为 20，第 A 列列宽为 14，第 B 列至 H 列列宽为 10。

步骤 6：单击“保存”按钮，效果图如图 5-17 所示。

	A	B	C	D	E	F	G	H
1	《计算机应用基础》成绩表							
2	学号	姓名	性别	平时成绩	实验成绩	期末成绩	总成绩	排名
3	SDKJ20190101	王阳	男	86	92	78		
4	SDKJ20190102	张鑫鑫	女	90	88	82		
5	SDKJ20190103	王亚丽	女	87	96	80		
6	SDKJ20190104	刘孟	男	65	76	78		
7	SDKJ20190105	周娜娜	女	68	80	56		
8	SDKJ20190106	张磊	男	67	70	76		
9								
10								

审计1班

图 5-17　输入数据效果图

2. 格式化学生成绩表

打开“审计学专业成绩表”工作簿，选择“审计 1 班”工作表，完成以下操作。效果图如图 5-18 所示。

步骤 1：将 A1 单元格中文本字体设置为“宋体”，字号为“14”，加粗。

步骤 2：选中 A2:H8 单元格区域，设置文本字体“宋体”，字号“12”，设置对齐方式为“水平居中”和“垂直居中”。

	A	B	C	D	E	F	G	H
1	《计算机应用基础》成绩表							
2	学号	姓名	性别	平时成绩	实验成绩	期末成绩	总成绩	排名
3	SDKJ20190101	王阳	男	86	92	78		
4	SDKJ20190102	张鑫鑫	女	90	88	82		
5	SDKJ20190103	王亚丽	女	87	96	80		
6	SDKJ20190104	刘孟	男	65	76	78		
7	SDKJ20190105	周娜娜	女	68	80	56		
8	SDKJ20190106	张磊	男	67	70	76		
9								

图 5-18　格式化工作表效果图

步骤 3：选中 A2:H2 单元格区域，文本字体设置为加粗。

步骤 4：选中 A2:H8 单元格区域，设置外边框为“绿色”“粗线条”；设置内边框为“绿色”“细线条”。

步骤 5：选中 A2:H2 单元格区域，底纹设置为“黄色”。

步骤 6：选择 D3:F8 单元格区域，设置条件格式：将成绩大于等于 90 的单元格，背景设置为“绿色填充深绿色文本”。

步骤 7：单击“保存”按钮。

3. 计算学生成绩表

打开“审计学专业成绩表”工作簿，选择“审计 1 班”工作表，完成以下操作。效果图如图 5-19 所示。

	A	B	C	D	E	F	G	H
1	《计算机应用基础》成绩表							
2	学号	姓名	性别	平时成绩	实验成绩	期末成绩	总成绩	排名
3	SDKJ20190101	王阳	男	86	92	78	82.4	3
4	SDKJ20190102	张鑫鑫	女	90	88	82	84.8	1
5	SDKJ20190103	王亚丽	女	87	96	80	84.6	2
6	SDKJ20190104	刘孟	男	65	76	78	75.0	4
7	SDKJ20190105	周娜娜	女	68	80	56	63.2	6
8	SDKJ20190106	张磊	男	67	70	76	73.0	5
9	最高分			90	96	82	84.8	
10	最低分			65	70	56	63.2	
11	不及格人数			0	0	1	0	
12								
13								

审计1班　审计2班

图 5-19　数据计算效果图

步骤 1：计算总成绩。单击 G3 单元格，在单元格中输入“=D3*0.2+E3*0.2+F3*0.6”，按【Enter】键确定。使用填充柄计算 G4:G8 的数据。

步骤 2：计算排名。单击 H3 单元格，在单元格中输入“=RANK.EQ(G3,$G$3:$G$8)”，按【Enter】键确定。使用填充柄将 H4:H8 的数据填充完整（在自动填充选项中选择不带格式填充）。

步骤 3：计算各项成绩最大值。单击 D9 单元格，在单元格中插入函数“=MAX((D3:D8)”按【Enter】键确定。使用填充柄将 E9:G9 数据填充完整。

步骤 4：计算各项成绩最小值。单击 D10 单元格，在单元格中插入函数“=MIN((D3:D8)”按【Enter】键确定。使用填充柄将 E10:G10 数据填充完整。

步骤 5：计算各项成绩不及格的人数。单击 D11 单元格，在单元格中插入函数“=COUNTIF(D3:D8,"<60")”按【Enter】键确定。使用填充柄将 E11:G11 数据填充完整。

步骤 6：单击“保存”按钮。

4. 制作学生成绩表图表

打开“审计学专业成绩表”工作簿，选择“审计 1 班”工作表，完成以下操作。效果图如图 5–20 所示。

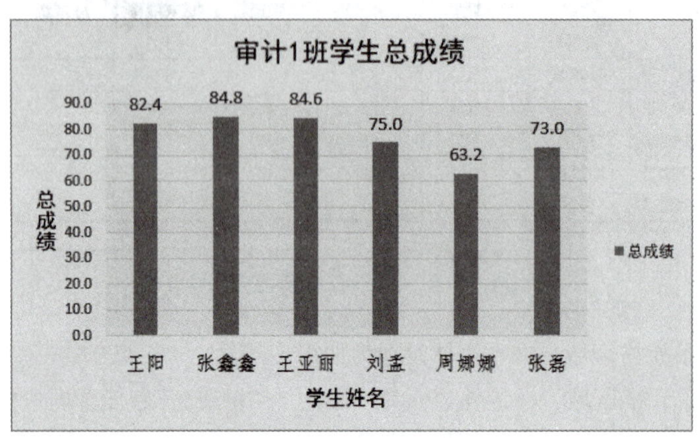

图 5–20 图表效果图

步骤 1：选中 B2:B8 单元格区域，按下【Ctrl】键选中 G2:G8 区域，单击“插入”选项卡“图表”组中的“插入柱形图或条形图”下拉按钮，选择“簇状柱形图”。

步骤 2：图表标题修改为“审计 1 班学生总成绩”，字体为黑体，字号为 16，艺术字样式为“填充：黑色，文本色 1；阴影”。

步骤 3：添加横坐标轴标题“学生姓名”，纵坐标轴标题“总成绩”，字体为黑体，字号为 12。

步骤 4：添加数据标签，字号为 11，添加图例。

步骤 5：选中图表区，填充为“绿色，个性色 6，淡色 80%”。选中绘图区，填充为“金色，个性色 4，淡色 60%”。

5. 管理学生成绩表——分类汇总

打开“审计学专业成绩表”工作簿，选择“审计 1 班”工作表，完成以下操作。

步骤 1：选中 A2:H8 单元格区域，打开“排序”对话框，主要关键词选择“性别”，排序方式选择“降序”。

步骤 2：选中 A2:H8 单元格区域，打开“分类汇总”对话框，“分类字段”选择“性别”，汇总方式选择“平均值”，汇总项选择“总成绩”，单击“确定”按钮。

步骤 3：选中 A2:H8 单元格区域，打开“分类汇总”对话框，“分类字段”选择“性别”，汇总方式选择“计数”，汇总项选择“学号”。不勾选“替换当前分类汇总”，单击“确定”按钮，效果如图 5–21 所示。

	A	B	C	D	E	F	G	H
1	《计算机应用基础》成绩表							
2	学号	姓名	性别	平时成绩	实验成绩	期末成绩	总成绩	排名
3	SDKJ20190105	周娜娜	女	68	80	56	63.2	7
4	SDKJ20190103	王亚丽	女	87	96	80	84.6	2
5	SDKJ20190102	张鑫鑫	女	90	88	82	84.8	1
6	3		女 计数					
7			女 平均值				77.5	
8	SDKJ20190106	张磊	男	67	70	76	73.0	6
9	SDKJ20190104	刘孟	男	65	76	78	75.0	5
10	SDKJ20190101	王阳	男	86	92	78	82.4	3
11	3		男 计数					
12			男 平均值				76.8	
13	6		总计数					
14			总计平均值				77.2	
15								

图 5–21 分类汇总效果图

6. 管理学生成绩表 - 数据链接与合并

打开“审计学专业成绩表”工作簿，选择“审计 1 班”工作表，完成以下操。

步骤 1：在“审计 1 班”工作表空白单元格区域，按如图 5-22 所示统计数据。分数区间人数具体数值计算使用 COUNTIF 函数完成。

H	I	J	K	L	M	N	O
排名							
5			审计1班总成绩分布人数统计				
6			90≤成绩≤100	80≤成绩<90	70≤成绩<80	60≤成绩<70	成绩<60
4			0	3	2	1	0
2							
1							
3							

图 5-22　审计 1 班总成绩分布人数统计

① 在 K5 单元格中输入“=COUNTIF($G$3:$G$8,">=90")”。

② 在 L5 单元格中输入“=COUNTIF($G$3:$G$8,">=80")-COUNTIF($G$3:$G$8,">=90")”。

③ 在 M5 单元格中输入“=COUNTIF($G$3:$G$8,">=70")-COUNTIF($G$3:$G$8,">=80")”。

④ 在 N5 单元格中输入“=COUNTIF($G$3:$G$8,">=60")-COUNTIF($G$3:$G$8,">=70")”。

⑤ 在 O5 单元格中输入“=COUNTIF($G$3:$G$8,"<60")”。

步骤 2：选中“审计 1 班”工作表，右击选择“移动或复制”命令，在打开的“移动或复制工作表”对话框中选中“建立副本”复选框，工作簿将自动产生“审计 1 班（2）”工作表。

步骤 3：将该工作表重命名为“审计 2 班”，并在 A3:F8 中替换录入 2 班相关数据，如图 5-23 所示。审计 2 班总成绩分布人数统计如图 5-24 所示。

	A	B	C	D	E	F	G	H
1	《计算机应用基础》成绩表							
2	学号	姓名	性别	平时成绩	实验成绩	期末成绩	总成绩	排名
3	SDKJ20190201	周婷	女	89	79	82	82.8	3
4	SDKJ20190202	刘慧	女	92	86	91	90.2	1
5	SDKJ20190203	李聪	男	86	90	83	85.0	2
6	SDKJ20190204	张苗苗	女	70	85	59	66.4	6
7	SDKJ20190205	张弛	男	63	89	72	73.6	5
8	SDKJ20190206	胡向东	男	80	88	79	81.0	4
9	最高分			92	90	91	90.2	
10	最低分			63	79	59	66.4	
11	不及格人数			0	0	1	0	

审计1班　审计2班

图 5-23　审计 2 班《计算机应用基础》成绩表

H	I	J	K	L	M	N	O
排名							
3			审计2班总成绩分布人数统计				
1			90≤成绩≤100	80≤成绩<90	70≤成绩<80	60≤成绩<70	成绩<60
2			1	3	1	1	0
6							
5							
4							

图 5-24　审计 2 班总成绩分布人数统计

步骤 4：在“审计学专业成绩表”工作簿，新建工作表“专业总成绩分布人数统计”，在该工作表中建立数据表，如图 5-25 所示。

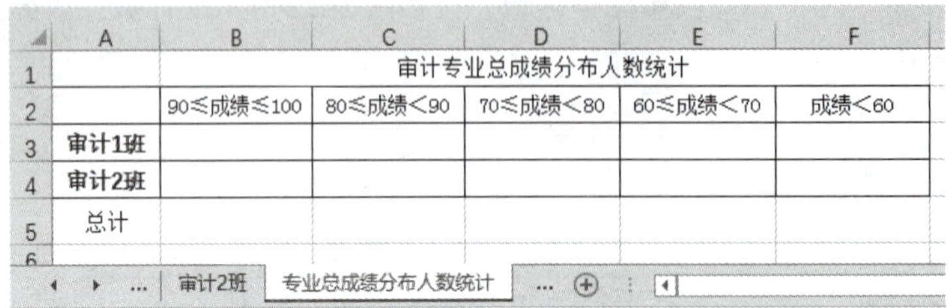

	审计专业总成绩分布人数统计				
	90≤成绩≤100	80≤成绩<90	70≤成绩<80	60≤成绩<70	成绩<60
审计1班					
审计2班					
总计					

图 5-25　“专业总成绩分布人数统计”工作表

步骤 5：复制“审计 1 班”工作表中 K5:O5 单元格区域，粘贴至“专业总成绩分布人数统计”工作表 B3:F3；粘贴时在右键菜单中选择“选择性粘贴”命令，在打开的“选择性粘贴”对话框中，单击左下角的“粘贴链接”按钮。

复制“审计 2 班”工作表中 K5:O5 单元格区域，粘贴至“专业总成绩分布人数统计”工作表 B4:F4，单击“粘贴链接”按钮，如图 5-26 所示。

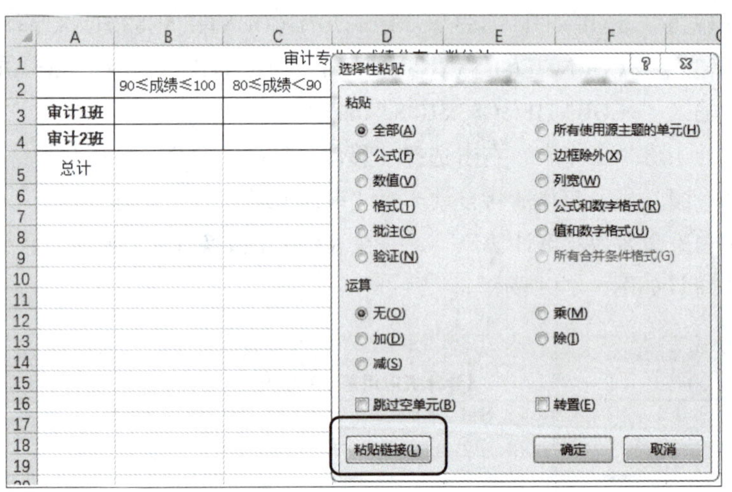

图 5-26　选择“粘贴链接”

步骤 6：使用 SUM 函数完成“总计”计算。该步骤也可以使用数据合并完成。单击“数据”选项卡“数据工具”组中的“合并计算”按钮，打开“合并计算”对话框，设置相关参数单击“确定”按钮，如图 5-27 所示。“总计”计算结果如图 5-28 所示。

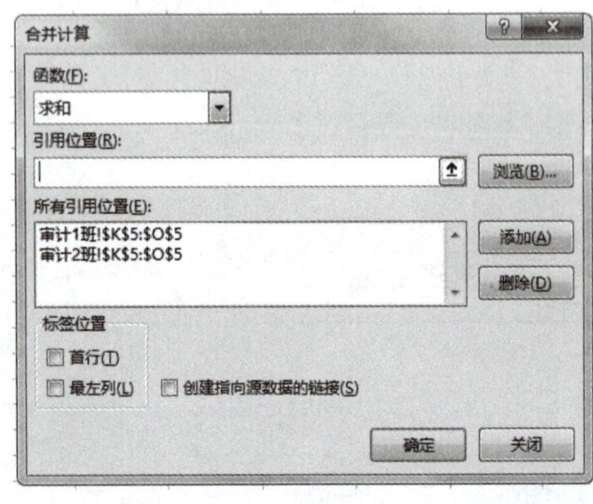

图 5-27　“合并计算”对话框

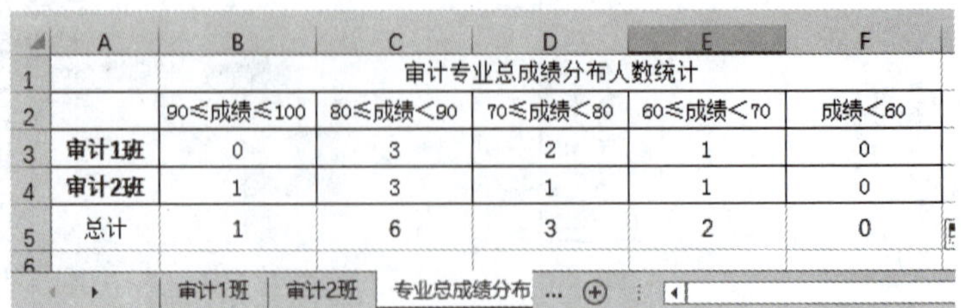

	审计专业总成绩分布人数统计				
	90≤成绩≤100	80≤成绩<90	70≤成绩<80	60≤成绩<70	成绩<60
审计1班	0	3	2	1	0
审计2班	1	3	1	1	0
总计	1	6	3	2	0

图 5-28　“总计”计算结果

7. 打印学生成绩表

打开“审计学专业成绩表”工作簿，选择“审计 1 班”工作表，完成以下打印设置操作。

步骤 1：打开“审计 1 班”工作表，选中 A1:H8 单元格区域。

步骤 2：选择“页面布局”选项卡的“页面设置”组，单击右下角对话框启动器按钮打开“页面设置”对话框，在“页面”选项卡中，选择“纸张大小”为 A4，选择“方向”为“横向”。

该设置也可以直接选择“布局”选项卡“页面设置”组中“纸张大小”下拉列表中对应的命令完成。

步骤 3：打开“页面设置”对话框，在“页眉 / 页脚”选项卡中，自定义页眉为“审计 1 班成绩表”且居中，页脚选择“第 1 页（共？页）”，如图 5-29 所示。

步骤 4：打开“页面设置”对话框，在“页边距”选项卡中，设置上下、左右页边距为 1.8，水平、垂直居中。

步骤 5：选择“文件”→“打印”命令，设置打印份数为 3、“打印选定区域（仅打印当前选定区域）”、“单面打印”，预览效果如图 5-30 右侧所示。

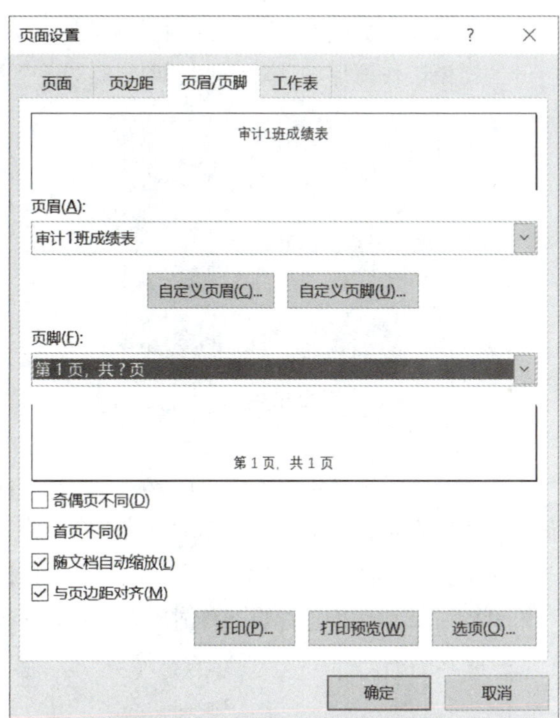

图 5-29　“页眉 / 页脚”设置

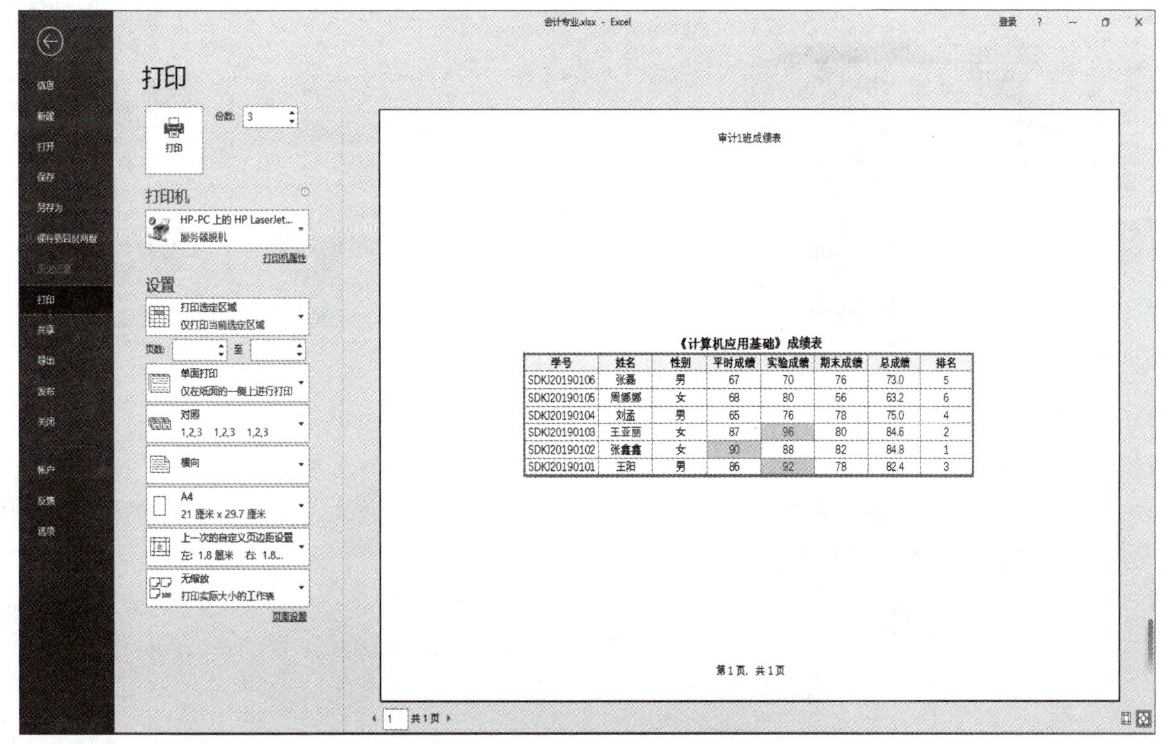

图 5-30　打印预览效果图

8. 保护学生成绩表

步骤 1：打开“审计学专业成绩表”工作簿，单击“审阅”选项卡“保护”组中的“保护工作簿”按钮，打开“保护结构与窗口”对话框，输入密码，选中“结构”复选框，如图 5-31 所示。

步骤 2：取消保护“审计学专业成绩表”工作簿，单击“审阅”选项卡“保护”组中的“保护工作簿”按钮，打开“撤销工作簿保护”对话框（见图 5-32），输入之前设置的密码，单击“确定”按钮。

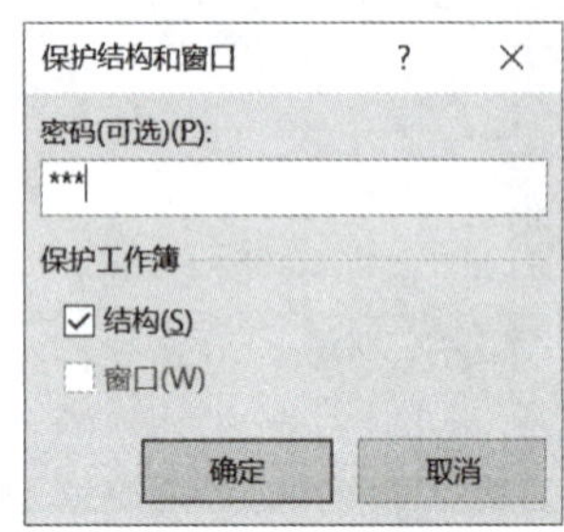

图 5-31　保护工作簿的设置

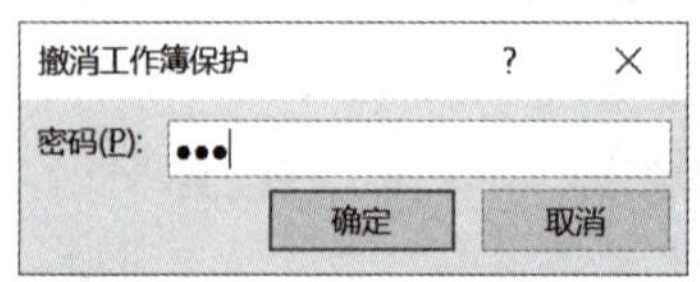

图 5-32　撤销工作簿保护的设置

步骤 3：打开“审计 1 班”工作表，单击“审阅”选项卡“保护”组中的“保护工作表”按钮，打开“保护工作表”对话框，在其中勾选对应的内容，输入密码，如图 5-33 所示。

步骤 4：取消保护“审计 1 班”工作表。单击“审阅”选项卡“保护”组中的“撤销保护工作表”按钮，在打开的“撤销保护工作表”对话框中输入之前设置的密码，单击“确定”按钮，如图 5-34 所示。

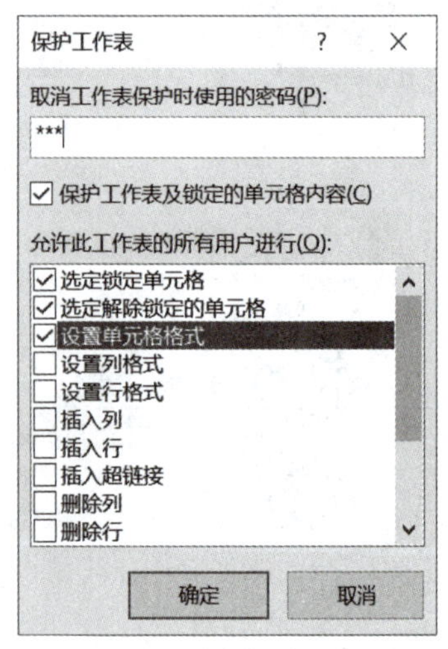

图 5-33　保护工作表的设置

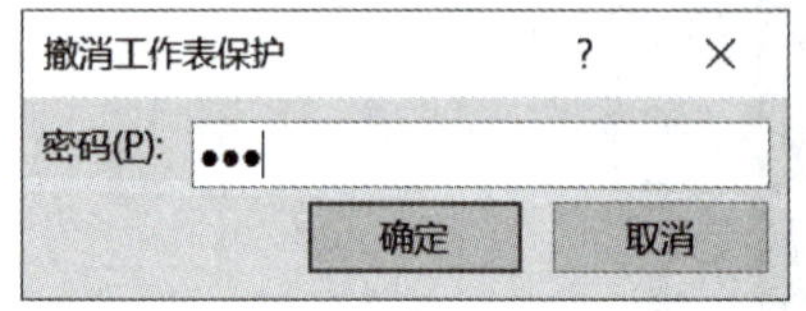

图 5-34　撤销工作表保护的设置

实验思考

（1）如何修改图表，在图表中显示“总成绩”和“期末成绩”2 个数据系列？

（2）如果审计专业增加“审计 3 班”，如何制作“审计 3 班”工作表，并完成三个班的“专业总成绩分布人数统计”工作表中的数据统计？

第 6 章 演示文稿制作

基础实验 6.1 演示文稿基本操作

实验目的

（1）掌握演示文稿的创建方法。

（2）掌握幻灯片的格式设置。

（3）掌握不同视图下演示文稿的编辑。

实验内容

（1）创建包含不同版式幻灯片的演示文稿，演示文稿名称为“C 语言课程简介”。

（2）在普通视图下，对幻灯片进行文本输入和格式设置。

（3）在大纲视图下，进行幻灯片分割操作。

（4）在幻灯片浏览视图下，进行幻灯片的复制、移动和删除操作。

实验步骤

1. 创建演示文稿

步骤：选择“开始”→“所有程序”→ Microsoft Office → Microsoft PowerPoint 2016 命令，启动 PowerPoint 2016 后的窗口如图 6–1 所示。

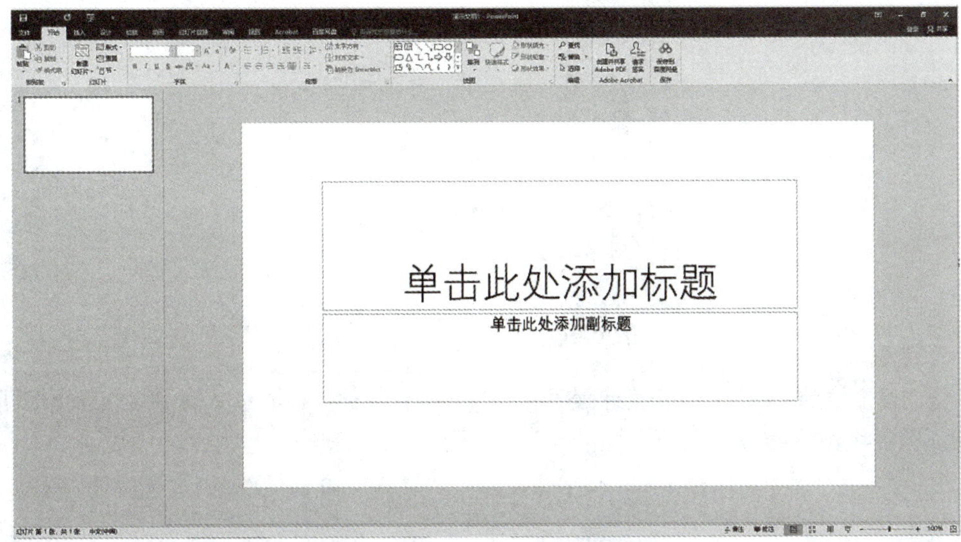

图 6–1　PowerPoint 2016 的启动窗口

启动 PowerPoint 2016 后，系统自动创建了名为“演示文稿 1-PowerPoint”的演示文稿，并且在文稿中自动创建了第一张版式为“标题幻灯片”的空白幻灯片。

2. 向标题幻灯片添加文本

“演示文稿 1”中自动创建的第一张空白幻灯片，其版式为“标题幻灯片”，该幻灯片中有两个文本框，分别用于输入“标题”和“副标题”。

步骤 1：向“标题”虚框中输入“C 语言程序设计”。

步骤 2：向“副标题”虚框中输入“课程内容简介”。

3. 创建第二张幻灯片

步骤 1：在“开始”选项卡的“幻灯片”组中，单击“新建幻灯片”按钮，打开下拉列表（见图 6-2），列表选项中的“Office 主题”区显示了各种不同的幻灯片版式。

步骤 2：选择 “内容与标题”版式，向“标题”虚框中输入“课程内容”。

步骤 3：单击左侧“标题”下方的虚框，向该框中输入下列两行内容：

图 6-2 不同的幻灯片版式

第一部分 面向过程的程序设计 第二部分 课程项目设计

步骤 4：在右侧的虚框中，有六个按钮，表示可以插入的内容分别是表格、图表、SmartArt 图形、3D 模型、本机图片、联机图片、视频文件和图标，单击“联机图片”按钮，在“搜索”框中输入想要插入的图片，比如“人物”，然后单击“搜索”按钮，选择某个图片，单击“插入”按钮将该图片插入到右边的虚框中。

4. 创建第 3 张幻灯片

步骤 1：创建版式为“标题和内容”的空白幻灯片。

步骤 2：输入幻灯片标题“第一部分 面向过程的程序设计”。

步骤 3：单击内容框，向框中输入以下内容：

第一章 概述 1. C 语言程序的组成 2. C 语言中的常量、变量和表达式 3. 输入和输出 4. C 语言中的保留字 第二章 程序的基本结构 1. 顺序结构 2. 分支结构 3. 循环结构

步骤 4：将创建的演示文稿以“C 语言课程简介”为名进行保存。该演示文稿中共有三张幻灯片。

5. 设置幻灯片中字符的格式

步骤：选中第一张幻灯片的标题文本，将字体设置为“黑体，60 磅，蓝色”；选中副标题文本，将字体设置为“宋体，40 磅，红色”。

6. 在大纲视图下分割幻灯片

大纲视图下分割幻灯片的操作可以通过“开始”选项卡“段落”组中的“降低列表级别”按钮来完成。

步骤 1：在大纲视图下，单击左侧第三张幻灯片中的文本“第一章 概述”，然后单击“开始”选项卡“段落”组中的“降低列表级别”按钮，将第三张幻灯片被分割为两张，同时文本升级为新幻灯片的标题。

步骤 2：在新的第四张幻灯片中，单击左侧文本“第二章 程序的基础结构”，再单击“降低列表级别”按钮，同样，该文本成为新幻灯片的标题，该文本之后的内容成为新幻灯片中的文本。

分割后，该演示文稿的三张幻灯片变为五张，分割前后的内容分别如图 6-3 和图 6-4 所示。

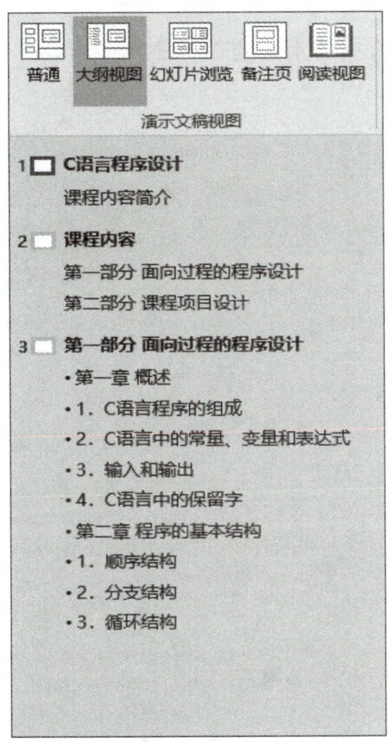

图 6-3　幻灯片分割之前

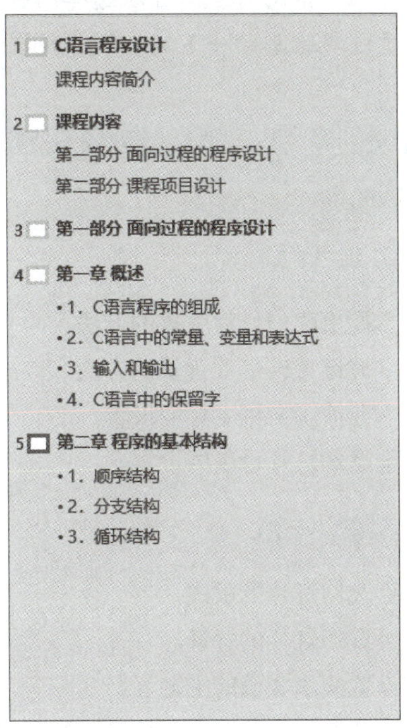

图 6-4　幻灯片分割之后

7. 在幻灯片浏览视图下删除和移动幻灯片

步骤 1：单击窗口右下方的“幻灯片浏览”按钮，将视图方式切换到幻灯片浏览视图，如图 6-5 所示。

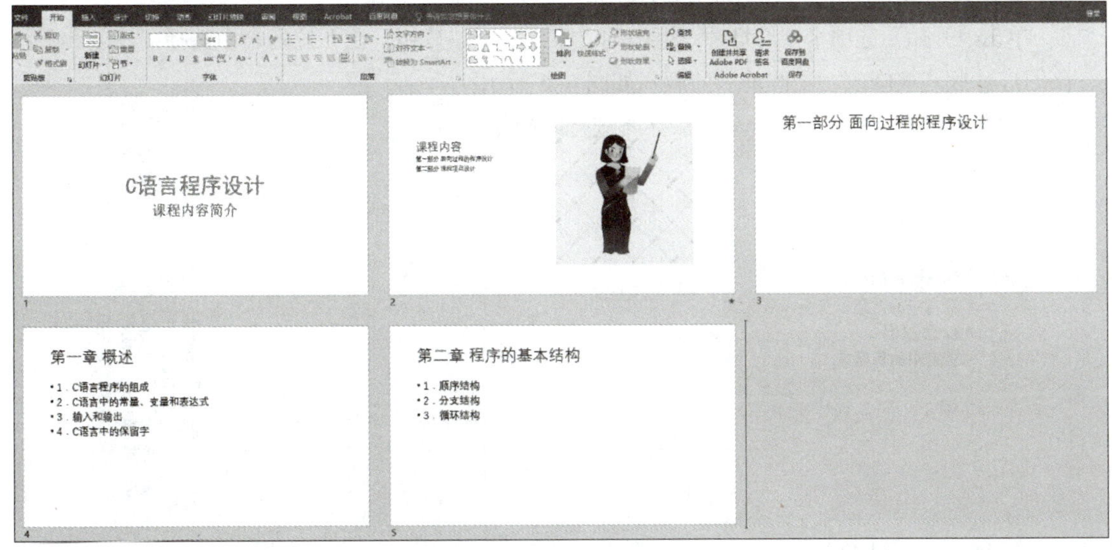

图 6-5　幻灯片浏览视图

步骤 2：在浏览视图中单击第一张幻灯片，按住【Ctrl】键后，将其拖动到第三张幻灯片之前，完成幻灯片的复制，这时文稿中有了六张幻灯片。

步骤 3：在浏览视图中单击第三张幻灯片，然后按【Del】键，删除刚复制的幻灯片。

步骤 4：将第一张幻灯片移动到最后一张，再将最后一张移动到原来的位置。

实验思考

（1）在 PowerPoint 的启动对话框中，创建演示文稿的方法有哪些？

（2）对每一张幻灯片，可以选择的版式有多少？

（3）通过实验总结一下，在浏览视图和大纲视图下可以进行的操作有哪些？

基础实验 6.2　修饰演示文稿

实验目的

（1）掌握更改幻灯片版式的方法。

（2）掌握设置幻灯片背景的方法。

（3）掌握演示文稿主题的设置。

（4）掌握幻灯片母版的设置。

实验内容

（1）更改幻灯片的版式。

（2）设置幻灯片的背景。

（3）设置演示文稿的主题。

（4）设置幻灯片母版，包括设置标题和文本的样式、插入艺术字、设置页眉页脚、插入幻灯片编号。

实验步骤

1. 更改幻灯片版式

步骤 1：在普通视图下，选择第四张幻灯片。

步骤 2：单击“开始”选项卡“幻灯片”组中的“版式”下拉按钮，在下拉列表中选择“标题和竖排文字”的版式，该幻灯片版式被修改，更改前后的版式如图 6–6 所示。

步骤 3：选择“文件”→“保存”命令保存所进行的操作。

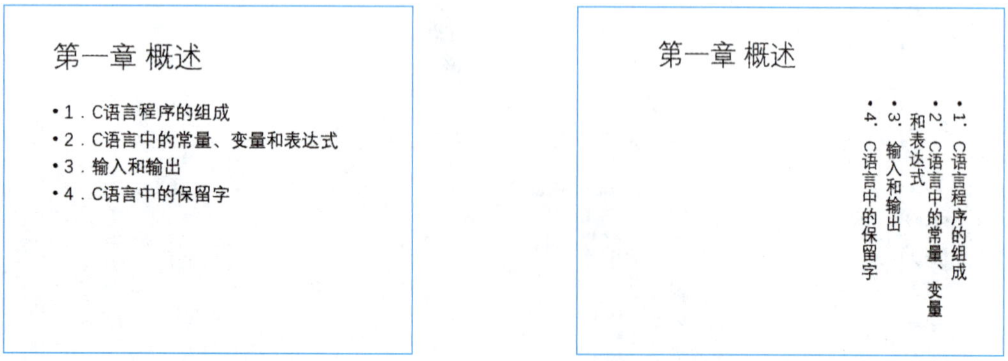

第一章 概述

•1．C语言程序的组成
•2．C语言中的常量、变量和表达式
•3．输入和输出
•4．C语言中的保留字

（a）更改前

第一章 概述

•1．C语言程序的组成
•2．C语言中的常量、变量和表达式
•3．输入和输出
•4．C语言中的保留字

（b）更改后

图 6–6　更改幻灯片的版式

2. 设置幻灯片背景

步骤 1：单击“设计”选项卡“自定义”组中的“设置背景格式”按钮，打开“设置背景格式”窗格，如图 6–7 所示。

步骤 2：选中“渐变填充”单选按钮，在“预设渐变”下拉列表中选择“浅色渐变 – 个性色 5”，在“类型”下拉列表中选择“射线”，在“方向”下拉列表中选择“从中心”。

步骤 3：单击“全部应用”按钮，关闭窗格，效果如图 6–8 所示。

3. 设置演示文稿主题

步骤 1：在“设计”选项卡的“主题”组中，单击某个主题会显示该主题的名称，同时可以看到幻灯片中颜色、字体的同步变化。这里选择“丝状”主题。

步骤 2：在“主题”组的右侧有该主题的“变体”组，单击“变体”组右侧滚动条中的下拉按钮，显示颜色、字体、效果和背景样式，可以通过下拉列表选择其中的一种方案再进行设置。在这里“颜色”选择“蓝色 II”，“字体”选择“黑体”。

4. 设置幻灯片母版

步骤 1：单击“视图”选项卡“母版视图”组中的“幻灯片母版”按钮，打开“幻灯片母版”选项卡，如图 6–9 所示。

步骤 2：选择“幻灯片母版视图”左侧任务窗格中的第一个母版（称为幻灯片母版）。用鼠标选中标题占位符中的“单击此处编辑母版标题样式”，在“开始”选项卡中设置字体为“微软雅黑，40，蓝色，加粗”；

步骤 3：选中文本占位符中的内容，设置字体为“微软雅黑，28，橙色”，设置段落多倍行距为 1.5。

步骤 4：在“插入”选项卡“文本”组中，单击“艺术字”按钮，在打开的下拉列表中选择一种样式，输入内容“C 语言程序设计”。设置艺术字的字号为 20 磅，并拖动到幻灯片的右上角。

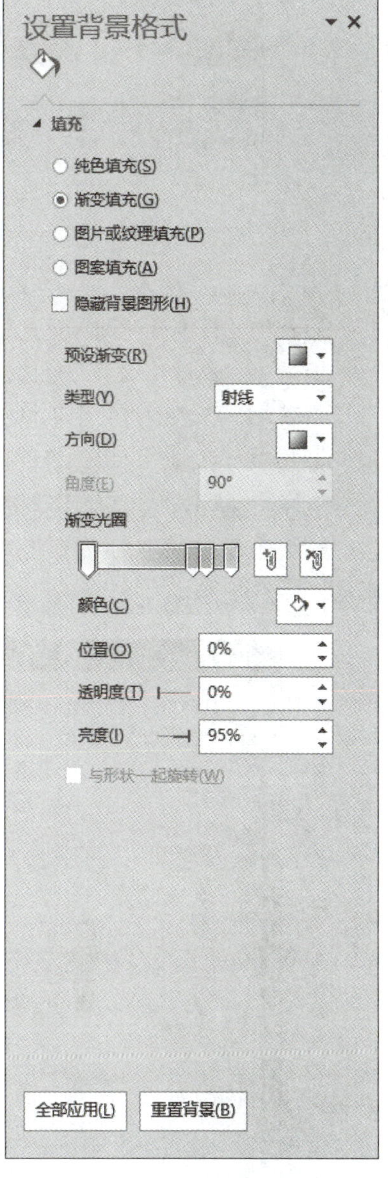

图 6-7　“设置背景格式”窗格

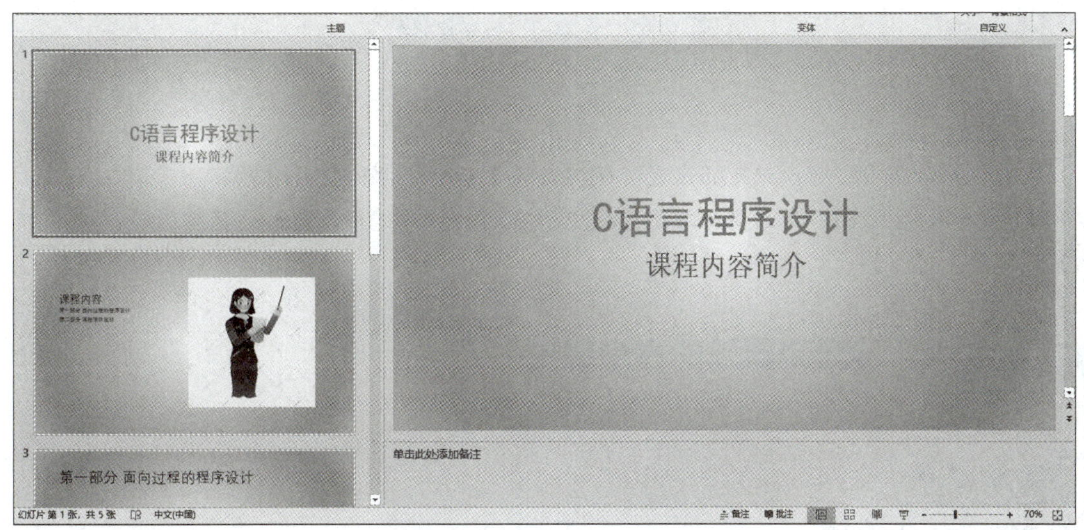

图 6–8　设置幻灯片填充背景

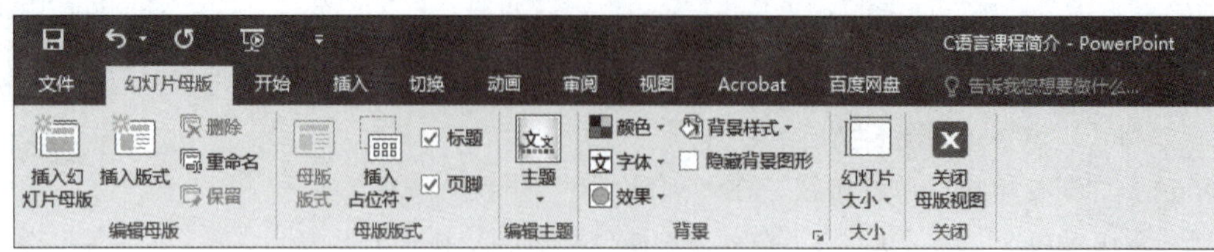

图 6-9 “幻灯片母板”选项卡

步骤 5：在“插入”选项卡的“文本”组中，单击“页眉和页脚”按钮，打开“页眉和页脚”对话框。

① 选中“日期和时间”复选框，单击“自动更新”单选按钮。

② 选中“幻灯片编号”复选框，则显示幻灯片的编号。

③ 选中“标题幻灯片中不显示”复选框，则在标题幻灯片上不显示编号。

④ 选中“页脚”可以设置页脚内容，输入“计算机学院”。

步骤 6：单击“全部应用”按钮，关闭该对话框，回到幻灯片母版视图窗口。

步骤 7：单击“幻灯片母版”选项卡“关闭”组中的“关闭母版视图”按钮，回到幻灯片普通视图，如图 6-10 所示。

图 6-10 设置幻灯片母版效果

实验思考

（1）在幻灯片母版中，可以进行的设置有哪些，设置后对哪些幻灯片有效？

（2）设置背景和主题时，如果要对演示文稿中所有的幻灯片进行，应如何操作？

（3）哪些因素可以影响幻灯片的外观？

基础实验 6.3 设置动画及创建超链接

实验目的

（1）掌握动画效果的设置。

（2）掌握幻灯片之间的切换效果设置方法。

（3）掌握创建超链接的方法。

（4）掌握“动作按钮”的使用。

实验内容

（1）设置幻灯片内各个对象的动画效果，这些对象包括文本、图片等。

（2）将所有幻灯片切换方式设置为“溶解”。

（3）创建超链接，链接到“西安交通大学”主页。

（4）为每一张幻灯片设置“开始”“结束”“前进”“后退”动作按钮。

实验步骤

1. 定义动画

步骤 1：定义动画在“动画”选项卡中进行。将前面创建的演示文稿中的第二张幻灯片切换为当前幻灯片。

步骤 2：选定该幻灯片的标题，然后单击“动画”选项卡“动画”组，在下拉列表中显示有四类效果，分别是进入、强调、退出和动作路径，每一类有各种不同的效果，如图 6–11 所示。这里选择“形状”效果。

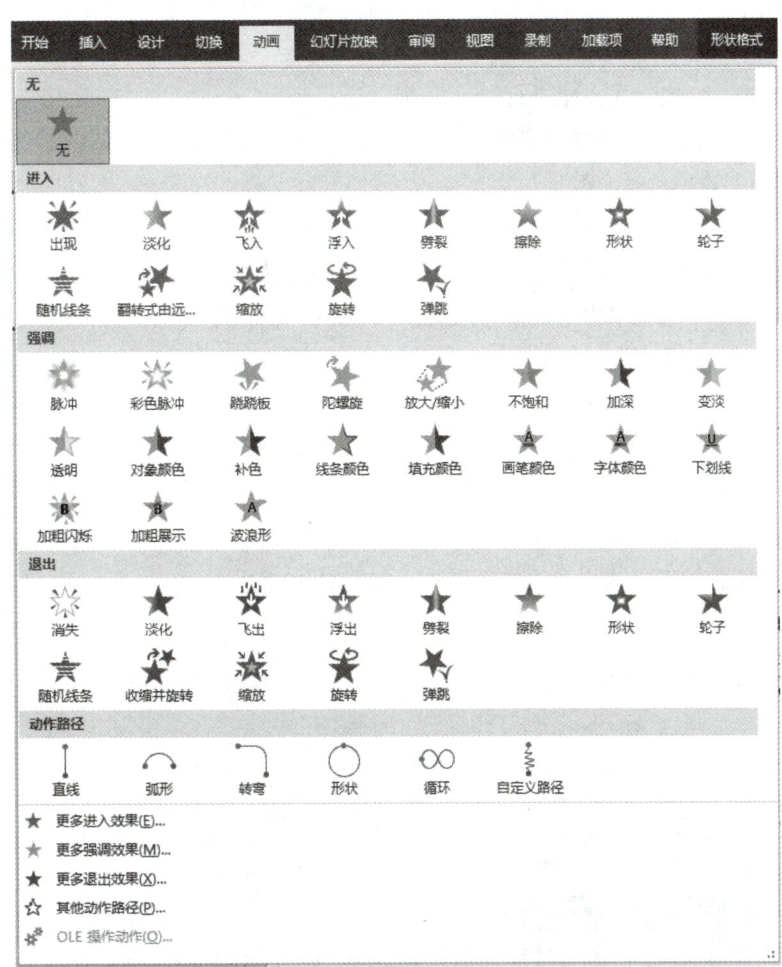

图 6–11　不同的动画效果

步骤 3：选择幻灯片中的其他对象，分别设置不同的动画效果。各个动画设置后的效果如图 6–12 所示。其中左边的数字 1 ~ 4 表示这些动画出现的先后顺序。

图 6-12 设置动画

2. 设置幻灯片的切换方式

幻灯片切换方式在“切换”选项卡中进行。“切换”选项卡的“切换到此幻灯片”组中显示了切换方式和效果选项，单击某种切换方式，在当前幻灯片区会自动显示切换的效果，该选项卡的“计时”组中有声音、持续时间和换片方式等。

单击某种切换方式，屏幕上会自动预览切换的效果。

步骤 1：选择“推进”切换方式，并进行如下设置。

① 在“效果选项”下拉列表中选择“自底部”。

② 在“声音”下拉列表中选择“鼓掌”。

③ 在“换片方式”选项中选择“单击鼠标时”。

④ 单击“全部应用”按钮，将该切换方式应用于所有的幻灯片。

步骤 2：在“幻灯片放映”选项卡中，单击“开始放映幻灯片”组中的“从头开始”按钮，开始播放演示文稿，在播放中观察幻灯片之间的切换效果。

3. 使用超链接命令创建超链接

步骤 1：在第二张幻灯片上选中“第一部分 面向过程的程序设计”文本，然后单击“插入”选项卡“链接”组中的“超链接”按钮，打开“插入超链接”对话框。

步骤 2：在“链接到”列表中选择“本文档中的位置”，然后在“请选择文档中的位置”列表中选择第三张幻灯片，单击“确定”按钮，为文本添加超链接，如图 6-13 所示。

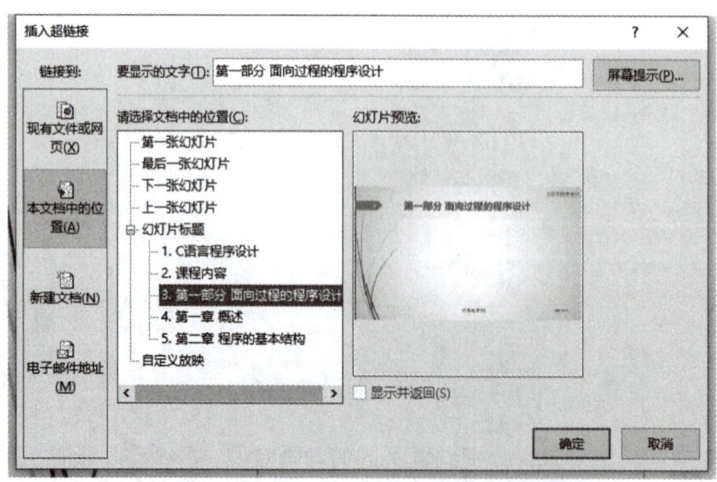

图 6-13 为所选文本添加超链接

此时，第二张幻灯片中“第一部分 面向过程的程序设计”这几个字添加了下画线，说明已经创建了超链接。

4. 使用动作按钮创建超链接

可以在每一张幻灯片上都设置“开始”“结束”“前进”“后退”四个动作按钮，分别链接到第一张、最后一张、前一张和下一张幻灯片。

步骤 1：在“视图”选项卡“母版视图”组中，单击“幻灯片母版”，打开“幻灯片母版”编辑视图。

步骤 2：在“插入”选项卡“插图”组中，单击“形状”下拉按钮，显示各种不同的形状，最后一组是动作按钮，如图 6–14 所示。

步骤 3：在“动作按钮”中，单击“开始”按钮。单击幻灯片上的一个位置，然后通过拖动绘制该按钮的形状，在打开的“动作设置”对话框中选择超链接到第一张幻灯片，如图 6–15 所示。

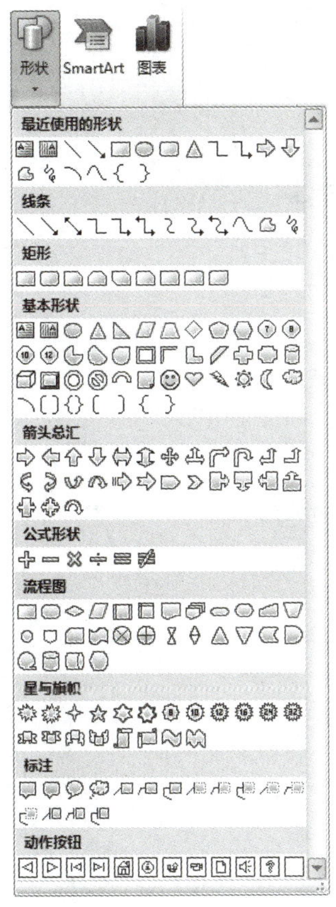

图 6–14　“形状”下拉列表

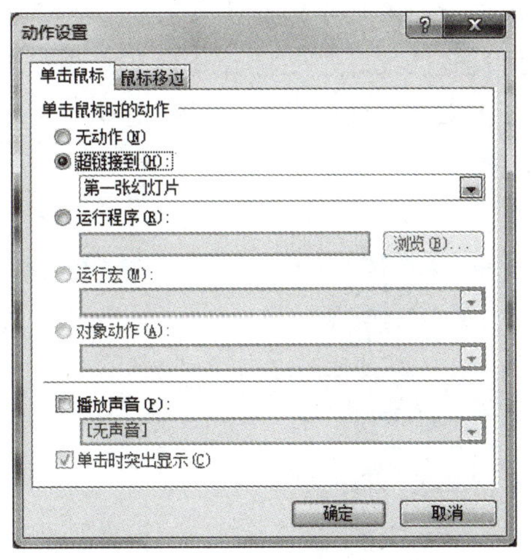

图 6–15　“动作设置”对话框

步骤 4：重复步骤 3，依次添加另外三个动作按钮，即“结束”“前进”“后退”，关闭母版视图。

步骤 5：播放演示文稿，分别单击四个不同的动作按钮，观察跳转到的幻灯片。

5. 设置播放方式

步骤 1：在“幻灯片放映”选项卡的“设置”组中，单击“设置幻灯片放映”按钮，打开“设置放映方式”对话框，如图 6–16 所示。

步骤 2：在“设置放映方式”对话框中设置相关参数。

① 在“放映类型”中选择“演讲者放映（全屏幕）”，同时选中“循环放映，按 Esc 键终止”复选框。

② 在“放映幻灯片”中选择放映的幻灯片范围，这里选择“全部”。

③ 在“换片方式”中选择“手动”。

④ 单击“确定”按钮，关闭对话框。

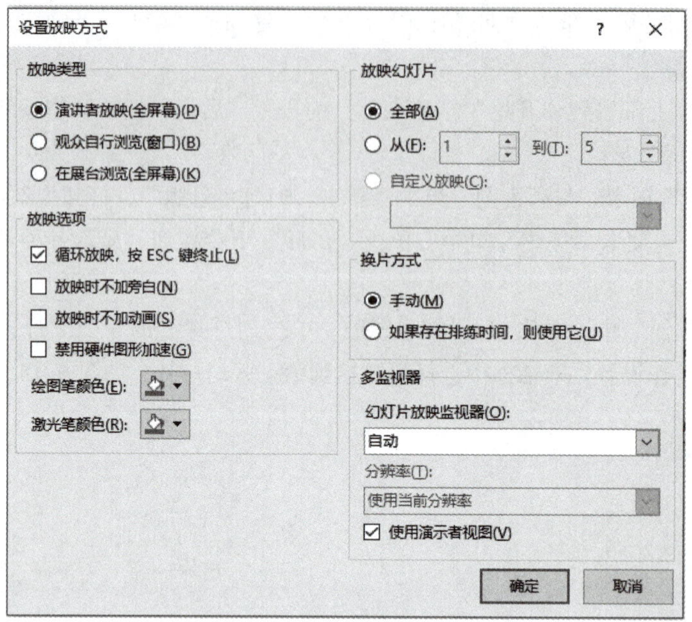

图 6-16　“设置放映方式”对话框

实验思考

（1）列举一些幻灯片的切换效果。

（2）插入超链接时，链接的目标有哪些？

（3）在建立动作按钮时，出现的对话框中有两个选项卡，“单击鼠标”和“鼠标移过”，这两个选项卡的作用是什么？

综合实验　制作“水资源保护”演示文稿

实验目的

（1）掌握演示文稿的创建方法。

（2）掌握演示文稿主题、幻灯片背景的设置。

（3）掌握幻灯片母版的使用。

（4）掌握动画效果、动作按钮的设置。

（5）掌握演示文稿的放映。

实验内容

通过制作如图 6-17 所示的“水资源保护”演示文稿。

（1）创建演示文稿。

（2）新建幻灯片和编辑幻灯片内容。

（3）设置演示文稿主题、更改幻灯片背景。

（4）使用幻灯片母版。

（5）创建动作按钮，设置动画效果、切片方式。

（6）放映演示文稿、设置放映方式。

图 6–17　“水资源保护”演示文稿

实验步骤

1. 创建演示文稿

步骤：创建一个空白演示文稿，将其命名为“水资源保护”。

2. 编辑幻灯片内容，分别使用占位符输入标题内容和使用文本框输入文本内容

步骤 1：单击添加第一张幻灯片，版式为“标题幻灯片”。在第一张幻灯片中，输入主标题文本“水资源保护”，设置文本字体为“微软雅黑，80 号”，字体颜色为“橙色”，添加字体效果“加粗”和“阴影”。

步骤 2：输入副标题文本“从我做起”，设置文本字体为“微软雅黑，40 号”，字体颜色为“黑色”，添加字体效果“加粗”，对齐方式“右对齐”。

步骤 3：添加第二张幻灯片，选择幻灯片版式为“仅标题”。输入标题内容“序言”，设置字体为“微软雅黑，40，加粗，黑色，居中对齐”。

步骤 4：在“开始”选项卡的“绘图”组中，单击“横排文本框”按钮，绘制第一个文本框并输入内容“如何”，设置字体为“微软雅黑，60，加粗，深红色”，然后绘制第二个文本框并输入内容“保护水资源”，设置字体为“微软雅黑，32，加粗，蓝色”。

3. 设置演示文稿主题、更改幻灯片背景

步骤 1：单击“设计”选项卡“主题”组右侧的“其他”按钮，在展开的主题列表中选择要应用的主题，即可为演示文稿中的所有幻灯片应用所选主题。这里选择“水滴”主题。

步骤 2：将图片“水资源背景”设置为第一张幻灯片的主题背景，如图 6–18 所示。

① 选择第一张幻灯片，单击“设计”选项卡“自定义”组中的“设置背景格式”，打开“设置背景格式”窗格。

② 选择“填充”选项卡中的“图片或纹理填充”，单击“图片源”中的“插入”按钮，找到图片“水资源背景”所位置。

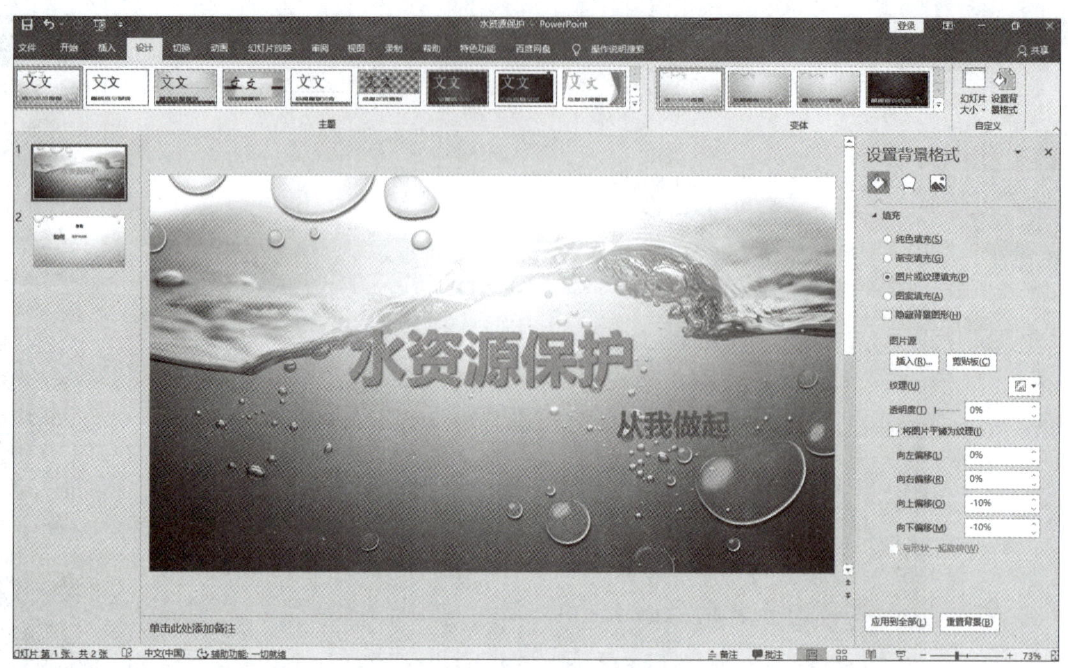

图 6–18　更改幻灯片主题背景

4. 设置并应用幻灯片母版

步骤 1：进入母版视图，在“幻灯片母版”中将标题占位符的字体设置为“微软雅黑，40，加粗，黑色”；将文本占位符的字体设置为“微软雅黑，28，蓝色，行距为 1.5”。

① 单击“视图”选项卡“母版视图”组中的“幻灯片母版”按钮，进入母版视图。

② 选择“幻灯片母版视图”左侧任务窗格中的第一个母版（称为幻灯片母版），然后单击“开始”选项卡，选中标题占位符中的“单击此处编辑母版标题样式”，设置字体为“微软雅黑，40，加粗，黑色”。

③ 选中文本占位符中的内容，设置字体为“微软雅黑，28，蓝色”，设置段落多倍行距为 1.5。

步骤 2：利用幻灯片母版，在所有幻灯片的右上角位置添加图片“水滴”，如图 6–19 所示。

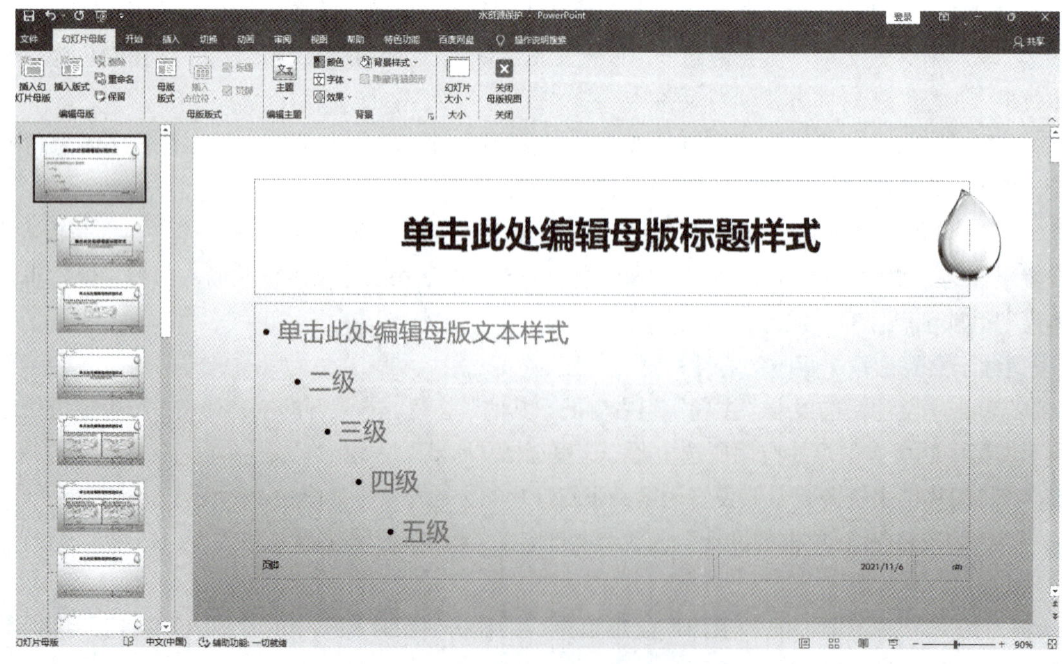

图 6–19　设置幻灯片母版 logo 标志

① 选择幻灯片母版，然后单击“插入”选项卡“图像”组中的“图片”按钮，找到图片“水滴”所在位置。

② 将图片“水滴”缩小并移动至幻灯片右上角。

③ 在“图片工具 – 格式”选项卡的“调整”组中单击“颜色”按钮，在打开的下拉列表中选择“设置透明色”命令。

④ 将鼠标指针移动到幻灯片上图片“水滴”的白色区域上单击，去掉图片“水滴”的背景颜色。

步骤 3：在幻灯片右下角显示编号，设置字体为“Arial Black，20，黑色，加粗”。

① 单击“插入”选项卡“文本”组中的“幻灯片编号”按钮，在打开的“页眉和页脚”对话框中选中“幻灯片编号”复选框，同时选中“标题幻灯片中不显示”复选框，单击“全部应用”按钮。

② 选中母版幻灯片右下角的编号“#”，设置字体为“Arial Black，20，黑色，加粗”。

③ 退出幻灯片母版的编辑状态。

5. 制作剩余幻灯片内容

步骤 1：添加第 3 ~ 5 张幻灯片，单击“开始”选项卡“幻灯片”组中的“版式”下拉按钮，在下拉列表中选择“标题和内容”选项。

步骤 2：输入幻灯片内容，插入图片，在“幻灯片浏览”视图下的效果如图 6–20 所示。

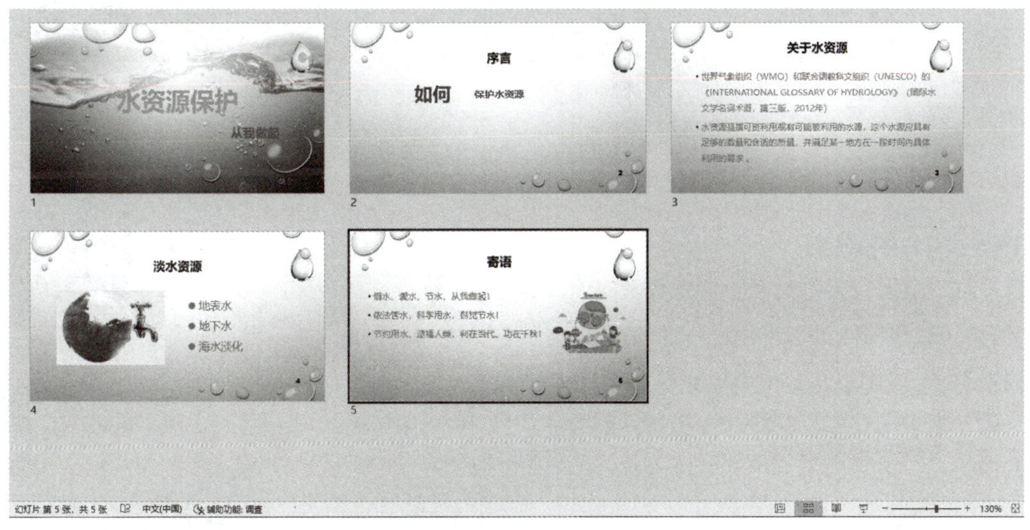

图 6–20　幻灯片内容

6. 创建动作按钮

步骤 1：为演示文稿创建向前、向后、开始、结束四个动作按钮。

① 在普通视图下，选择第一张幻灯片，单击“插入”选项卡“插图”组中的“形状”按钮，在弹出的下拉列表中选择“动作按钮”。

② 在幻灯片的左下角按住鼠标左键拖动绘制一个大小适中的按钮，此时会自动打开“动作设置”对话框，选中“超链接到”单选按钮，单击“确定”按钮。

③ 依次绘制其他三个动作按钮。

步骤 2：设置动作按钮的大小，并组合按钮。

① 按住【Shift】键依次单击选中四个动作按钮，然后在“绘图工具 – 格式”选项卡的“大小”组中设置按钮大小为“高 1 厘米，宽 1.5 厘米”。

② 单击“排列”组中的“组合”按钮，在弹出的下拉列表中选择“组合”命令，将这四个动作按钮组合在一起，如图 6–21 所示。

图 6–21　组合按钮

步骤 3：选中组合按钮，依次将其复制到其他所有的幻灯片中。

7. 设置幻灯片动画效果

操作要求：对第二张幻灯片，设置以下动画效果。设置文本“如何”的进入效果为“自左侧飞入”，强调效果为“补色”；设置文本“保护水资源”的进入效果为“向上浮入”，强调效果为“透明”。

步骤 1：选择需要设置动画效果的文本，单击“动画”选项卡，在“动画”组的下拉列表中选择一种动画类型，并设置效果选项。

步骤 2：在“计时”组中设置开始播放方式为“上一动画之后”。

步骤 3：第二个文本的动画效果重复以上操作。

8. 设置幻灯片切换效果

操作要求：设置所有幻灯片之间的切换效果为“形状”。实现每隔 5 秒自动切换，也可以单击进行手动切换，如图 6-22 所示。

步骤 1：选定第一张幻灯片，然后单击“切换”选项卡，在“切换到此幻灯片”组中选择一种幻灯片切换方式，在这里选择“形状”；在“计时”组中选择换片方式为“单击鼠标时”和“设置自动换片时间 5 秒”。

步骤 2：单击“计时”组中的“应用到全部”按钮，可将设置的幻灯片切换效果应用于全部幻灯片，否则当前设置仅用于当前所选幻灯片。

图 6-22　为幻灯片添加切换效果

9. 设置幻灯片放映效果

操作要求：隐藏第三张幻灯片，使得播放时直接跳过隐藏页，并选择前两页幻灯片进行循环放映。

步骤 1：选择三张幻灯片，单击“幻灯片放映”选项卡“设置”组中的“隐藏幻灯片”按钮，能够看到其左上角的编号上多出了一个斜线（表示该幻灯片在放映时不被显示）。

步骤 2：单击“幻灯片放映”选项卡“设置”组中的“设置放映方式”按钮，打开“设置放映方式”对话框，进行相应设置，如图 6-23 所示。

步骤 3：在“幻灯片放映”选项卡中，单击“开始放映幻灯片”组中的“从头开始”按钮，开始播放演示文稿。

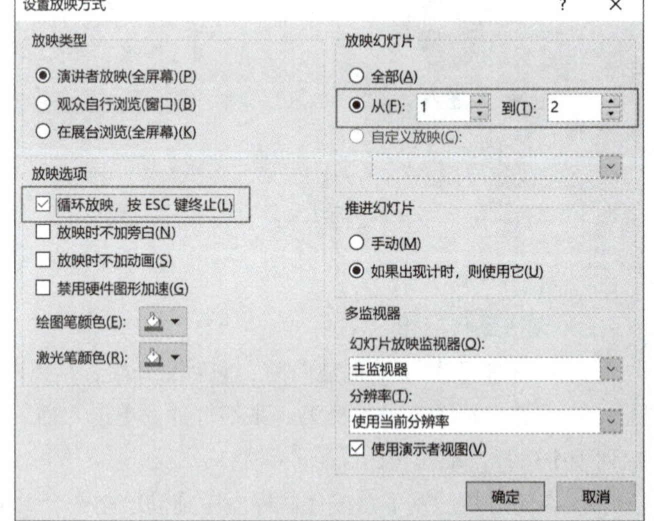

图 6-23　“设置放映方式”对话框

实验思考

（1）如何将一幅图片设置为幻灯片的背景？

（2）如何在每一张幻灯片中都插入随系统变化的日期和时间？

（3）结合具体操作说明动作按钮的设置方法。

（4）在进行幻灯片内的动画设置时，各个对象的启动顺序是如何设置的？

（5）播放演示文稿时，可以使用菜单命令或按钮，这两种方法有什么不同？

第 7 章 多媒体技术应用

基础实验 7.1 使用 Photoshop CS6 进行图片的基本处理

实验目的

（1）掌握 Photoshop CS6 中图层的使用。

（2）掌握 Photoshop CS6 中魔棒工具的使用。

（3）掌握 Photoshop CS6 中快速蒙版的使用。

实验内容

（1）应用 Photoshop CS6 制作具有彩虹效果的平面文字图案。

（2）应用 Photoshop CS6 中魔棒工具更换背景。

（3）应用 Photoshop CS6 中快速蒙版更换背景。

实验步骤

1. 制作具有彩虹效果的平面文字图案

步骤 1：新建文件。选择“文件”→“新建”命令，新建一个 600 × 400 像素的空白文档，背景为白色，如图 7–1 所示。

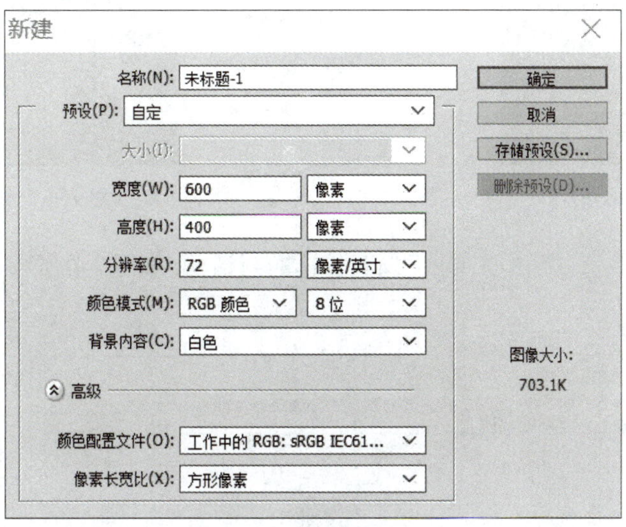

图 7–1　新建文件

步骤 2：输入文字。选择横排文字工具，设置字体为 Times New Roman，字号 100 点，颜色为红色，输入 F 这个字母，按【Ctrl+Enter】组合键确定建立图层。同理输入 Family 的其他字母，每个字母分别建立图层，可以用【Ctrl】+【↑↓←→】键，调整每个字母的位置，图层控制面板如图 7-2 所示。

步骤 3：选中所有图层，按【Ctrl+E】组合键合并带颜色的字母图层。最终的文字效果如图 7-3 所示。

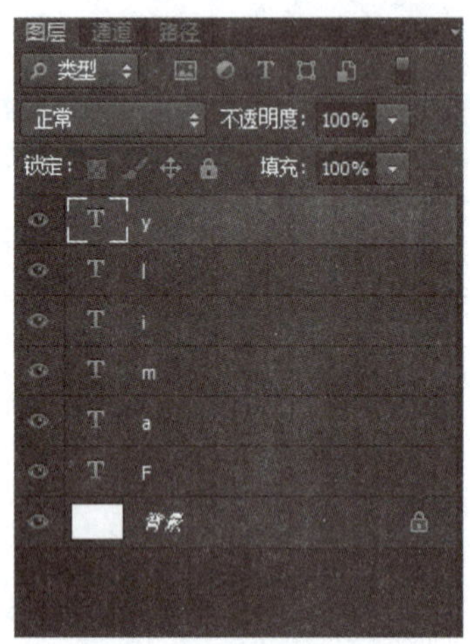

图 7-2　所有字母图层

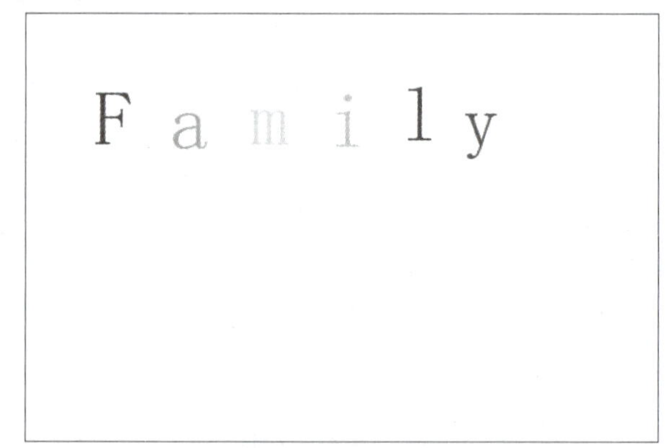

图 7-3　文字效果

步骤 4：做好彩虹文字图案后，选择“文件”→“保存”命令，将其保存成“彩虹字 .jpg”。

2. 应用 Photoshop CS6 中魔棒工具更换背景

步骤 1：打开 Photoshop CS6 软件，按【Ctrl+O】组合键，在“打开”对话框中打开“素材”中的 01、02 文件，效果如图 7-4 和图 7-5 所示。

图 7-4　原始图片

图 7-5　新背景图片

步骤 2：双击 01 素材的“背景”图层，打开“新建图层”对话框，如图 7-6 所示。单击“确定”按钮，将“背景”图层解锁。

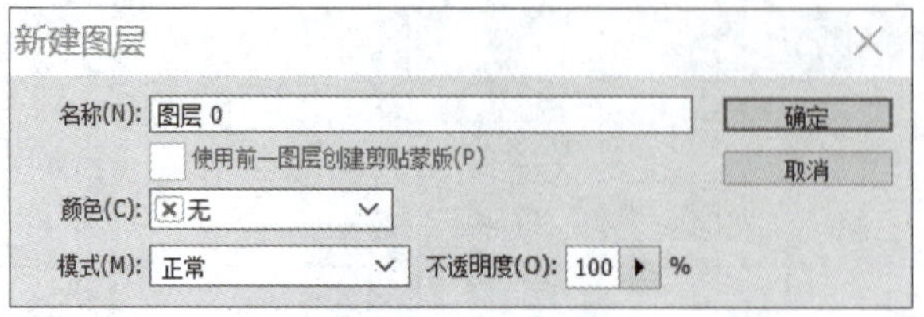

图 7-6　新建图层

步骤 3：选择“魔棒”工具，将容差值调整为 25，在属性选项栏中单击“添加到选区”按钮，然后在画面中单击选择背景。如果一些不需要的区域被错误的选中，可以单击选项栏上的“从选区减去”按钮，在多选的区域进行单击，减去多余的部分，就得到了背景部分的选区，按【Delete】键将背景删除，效果如图 7–7 所示。

步骤 4：选择“移动”工具，拖动 02 素材到 01 素材的图像窗口中，在“图层”面板中生成新的图层并将其命名为“天空图片”，效果如图 7–8 所示。

图 7–7　删除背景

图 7–8　拖动图片成为新图层

步骤 5：在“图层”面板中把“天空图片”图层拖动到“楼图片”的下方，效果如图 7–9 所示，最终得到更换过背景的图片，效果如图 7–10 所示。

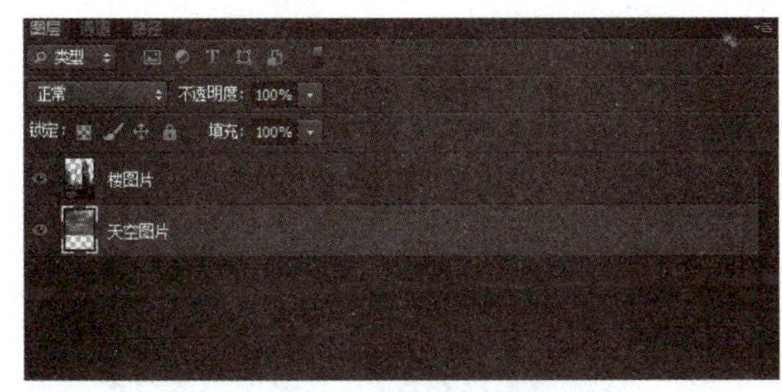

图 7–9　图层位置效果图

图 7–10　更换背景成功

步骤 6：选中“楼图片”图层，单击“图层”面板下方的“创建新的填充或调整图层”按钮，在弹出的菜单中选择“亮度 / 对比度”命令，在“图层”面板中生成“亮度 / 对比度 1”图层，同时在弹出的“亮度 / 对比度”面板中进行设置，如图 7–11 所示，按【Enter】键确定。

步骤 7：选择“横排文字”工具，分别在属性栏中选择合适的字体并设置文字大小，输入需要的白色文字并选取文字。如果输入多行文字，按【Alt+ ↓ 】组合键，调整文字到适当的行距，在“图层”面板中生成新的文字图层，如图 7–12 所示。

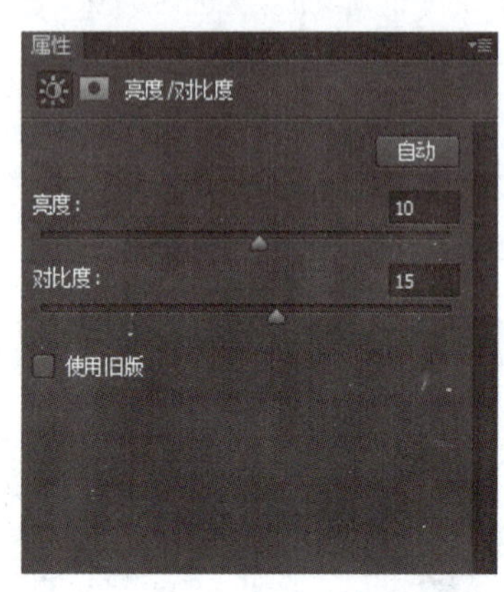

图 7-11　设置亮度 / 对比度

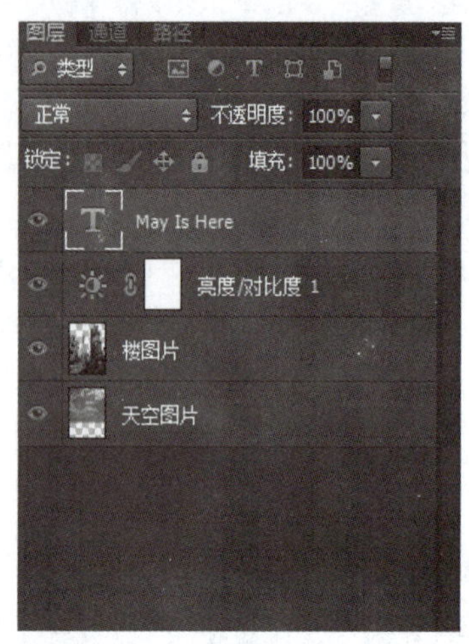

图 7-12　生成新的文字图层

步骤 8：使用魔棒工具更换背景完成，最终效果如图 7-13 所示。

图 7-13　最终效果图

3. 使用 Photoshop CS6 中快速蒙版更换背景

步骤 1：按【Ctrl+O】组合键，在“打开”对话框中打开“素材”中的 03、04 文件，效果如图 7-14、图 7-15 所示。

图 7-14　背景图

图 7-15　动物图

步骤 2：选择“移动”工具，将动物图片拖动到背景图像窗口中，效果如图 7-16 所示。在“图层”面板中生成新的图层并将其命名为“动物图片”。

步骤 3：单击“图层”面板下方的“添加图层蒙版”按钮，为“动物图片”增加蒙版，如图 7–17 所示。

图 7–16　移动图像至背景图像窗口

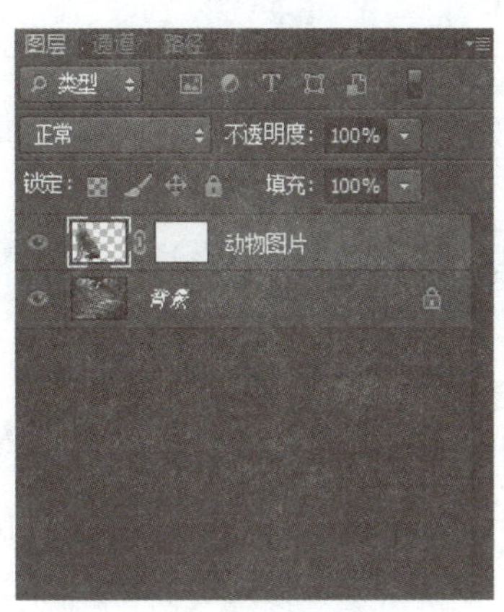

图 7–17　添加图层蒙版

步骤 4：选择“画笔”工具，用鼠标在图像窗口中涂抹出这个动物，涂抹后的区域变为红色，如图 7–18 所示。

步骤 5：单击工具箱下方的“以标准模式编辑”按钮，返回标准编辑模式，红色区域以外的部分生成选区。按【Delete】键，效果如图 7–19 所示。按【Ctrl+D】组合键，取消选区。

图 7–18　画笔涂抹

图 7–19　更换背景

步骤 6：添加文字和装饰图形，按【Ctrl+O】组合键，在“打开”对话框中打开“素材”中的 05 文件，效果如图 7–20 所示。

步骤 7：选择“移动”工具，将图形拖动到图像窗口中的右下方，在“图层”面板中生成新的图层并将其命名为“装饰图案”。使用快速蒙版更换背景制作完成，最终效果如图 7–21 所示。

图 7–20　文字图片

图 7–21　最终效果图

实验思考

（1）如何使用 Photoshop 的钢笔工具更换背景？

（2）如何使用 Photoshop 的添加图层蒙版按钮、画笔工具抠出边缘复杂的物体？

基础实验 7.2 使用 GoldWave 进行音频的基本处理

实验目的

（1）掌握 GoldWave 音频处理软件的特性和功能。

（2）掌握音乐编辑的基本方法。

实验内容

（1）应用 GoldWave 进行音频录制。

（2）应用 GoldWave 进行音频剪辑复制。

（3）应用 GoldWave 进行音量大小的调整。

（4）应用 GoldWave 进行降噪处理。

（5）应用 GoldWave 进行混音处理。

实验步骤

GoldWave 中的常用操作如图 7-22 所示。

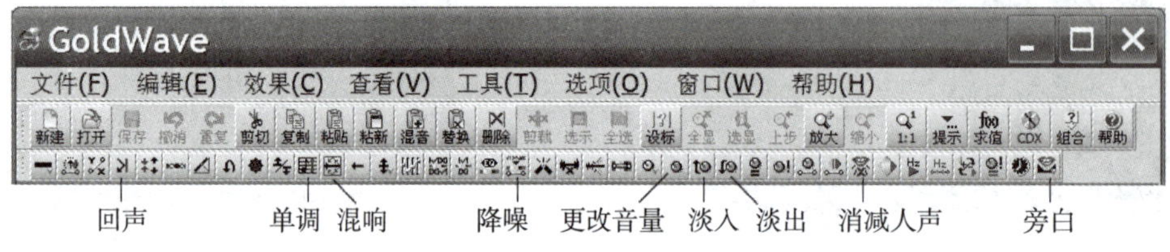

图 7-22　GoldWave 常用操作工具和常用音效处理工具

1. 应用 GoldWave 进行音频录制

步骤 1：声卡初始化。将麦克风插入计算机的前置声卡输入接口（粉红色接口）。一般情况下，计算机会弹出一个声卡设置画面，对音箱和麦克风的效果进行检测，看是否正常。

步骤 2：建立新文件。运行 GoldWave 软件，选择“文件→新建”命令，在打开的“新建声音”对话框中设置声道数为 2，采样频率为 44100，初始化长度为 5:00，如图 7-23 所示。单击“确定”按钮，新建一个录音文件。

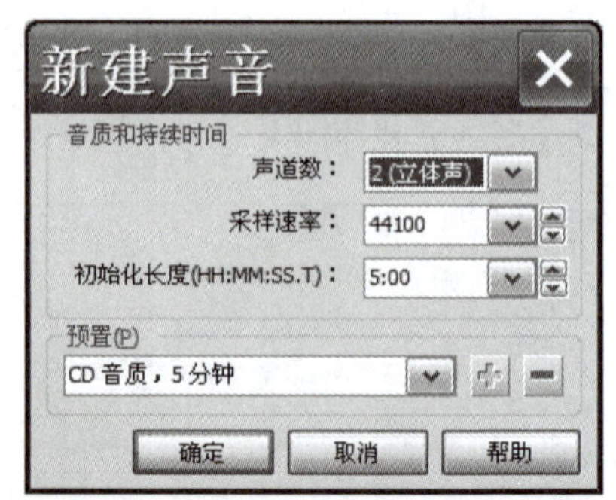

图 7-23　GoldWave 录音参数设置

步骤 3：单击 GoldWave 录音控制器中的“录音”（红色圆点）按钮，就可以对着麦克风开始录音，如图 7-24 所示。

操作提示：在录音过程中，可以在 GoldWave 的音轨中看到录制声音包络线的变化，可以按“暂停”（双竖线）或“停止”（正方形）按钮，控制录音进程。按“暂停”按钮停止录音后，可以按“播放”按钮回放音频，看是否满意，如果满意则继续录制；如果不满意，可以按住鼠标左键向右拖动，选取不满意的录音部分，然后松开鼠标左键，按【Delete】键删除录音。

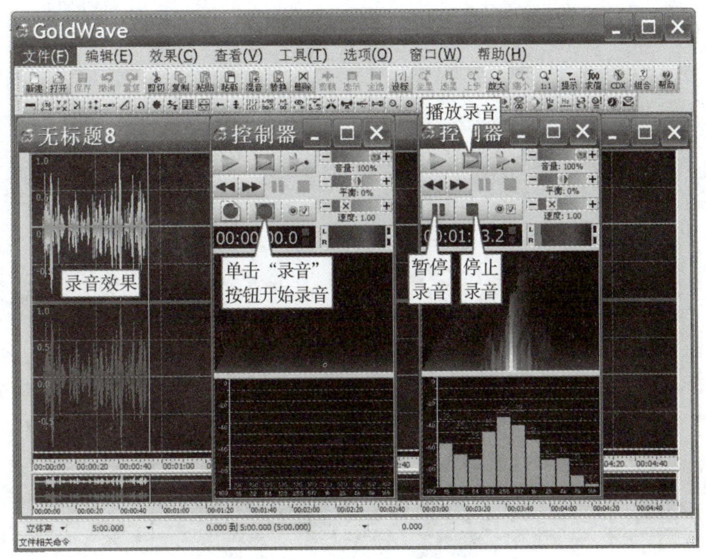

图 7–24　GoldWave 录音控制

步骤 4：音频录制好后，单击“停止录音”按钮，按住鼠标左键向右拖动，选取音轨右边没有录音的部分，然后松开鼠标左键，按【Delete】键删除音轨空白部分。

步骤 5：选择“文件→另存为”命令，选择保存的文件夹，输入文件名为“朗诵”，需要注意的是默认文件保存类型为“Wave（*.wav）”，wav 音频文件由于没有压缩，文件会非常大，这时应当在文件类型列表中选择“MPEG 音频（*.mp3）”文件类型，然后单击“保存”按钮。

2. 应用 GoldWave 进行音频剪辑复制

用麦克风录制的声音听起来非常单薄，声调低沉，音色钝而闷，无优美悦耳之感。这就需要将录制好的声音文件，导入到 GoldWave 软件中，使用音频滤镜的各种效果，对音量的大小、声音的淡入 / 淡出、特效（如混响、降噪）等进行编辑处理，经过处理后的声音会呈现出良好的声音效果。

步骤 1：调入音频。选择“文件”→“打开”命令，选择“朗诵 .mp3”文件，单击“打开”按钮，这时 MP3 文件就载入到了 GoldWave 的音轨中。在 GoldWave 中，音轨中的绿色和红色波形代表 MP3 音频的包络线。

步骤 2：选择音频片段。在音轨任意位置单击，然后在音频片段结束处右击，在弹出的快捷菜单中选择“设置结束标记”命令，设置音频片段区域，如图 7–25 所示。

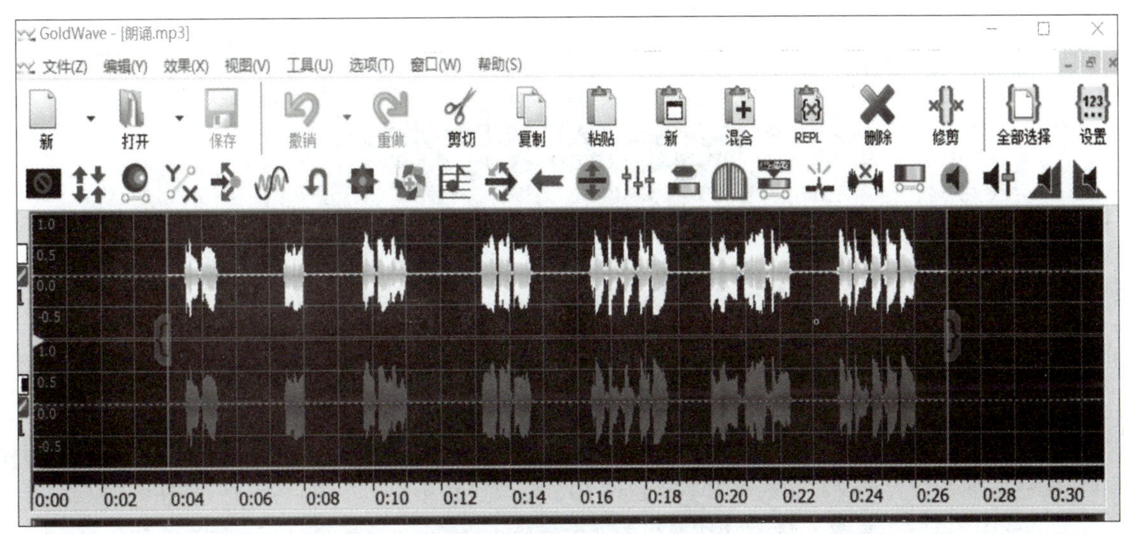

图 7–25　音频片段选择

步骤 3：删除音频片段。按以上方法选择好需要删除的音频区域，按【Delete】键，即可将选择的区域删除。

步骤 4：复制音频片段。选择需要复制的音频区域，按【Ctrl+C】组合键进行复制。选择“文件”→“新建”命令，新建一个空白音频文件，将鼠标移到需要新建音频文件插入处，单击确定粘贴位置，按【Ctrl+V】组合键将音频片段粘贴到一个新音频文件，如图 7–26 所示。最后保存编辑好的音频文件。

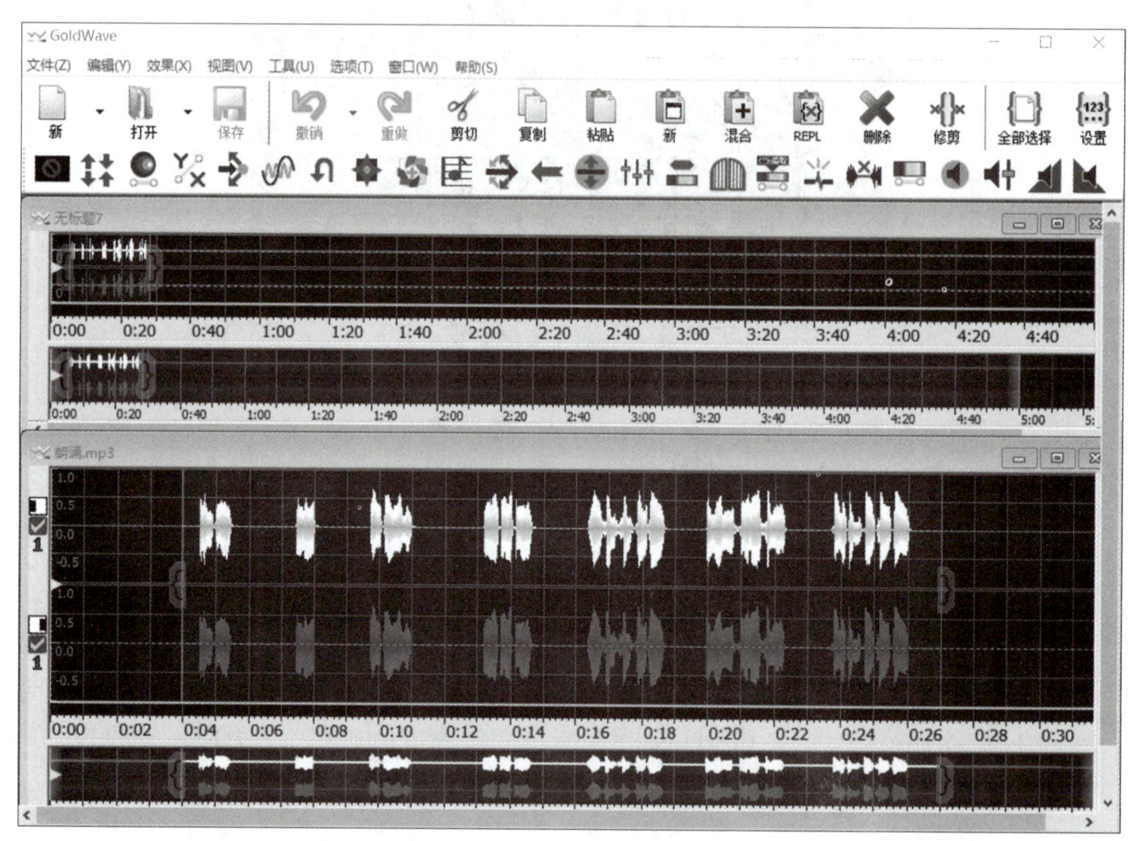

图 7–26 音频片段复制、粘贴

3. 应用 GoldWave 进行音量大小的调整

步骤 1：打开 MP3 音频文件，选择“效果”→“音量”→“更改音量”命令，打开“更改音量”对话框，如图 7–27 所示。

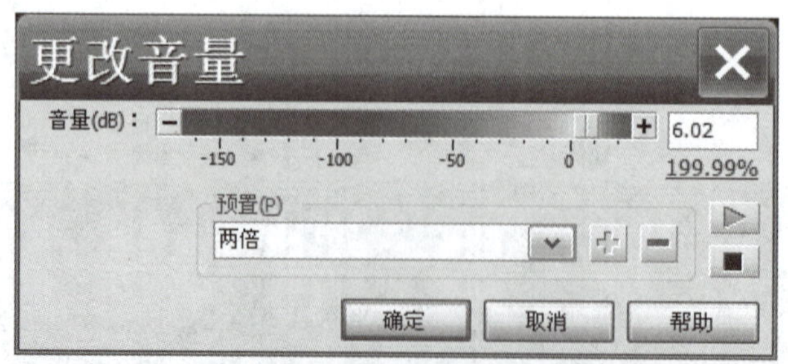

图 7–27 “更改音量”对话框

步骤 2：用鼠标拖动音量上面的滑块就可以修改音量，或者单击“音量”控制条上的“–”按钮减小音量，单击“+”按钮增加音量。建议右面的数值不要超过 10，修改过程中可以单击“播放”按钮▶试听。

步骤 3：单击“确定”按钮，完成 MP3 音量的增大或减小。

4. 应用 GoldWave 进行降噪处理

步骤 1：如果录制的音频中有噪声，可以使用 GoldWave 的降噪功能。有噪声的音频如图 7-28 所示。

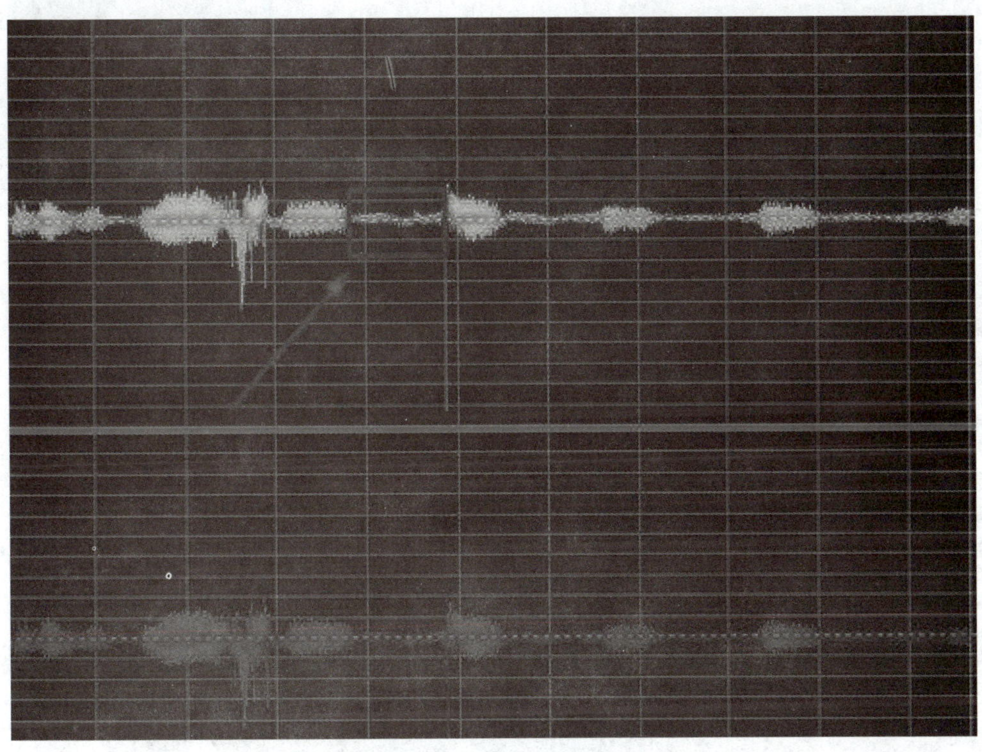

图 7-28　有噪声的音频

步骤 2：用鼠标选中该段噪声，右击，在弹出的快捷菜单中选择“复制”命令，这一步称作“取样”，可以将噪声选取出来，如图 7-29 所示。

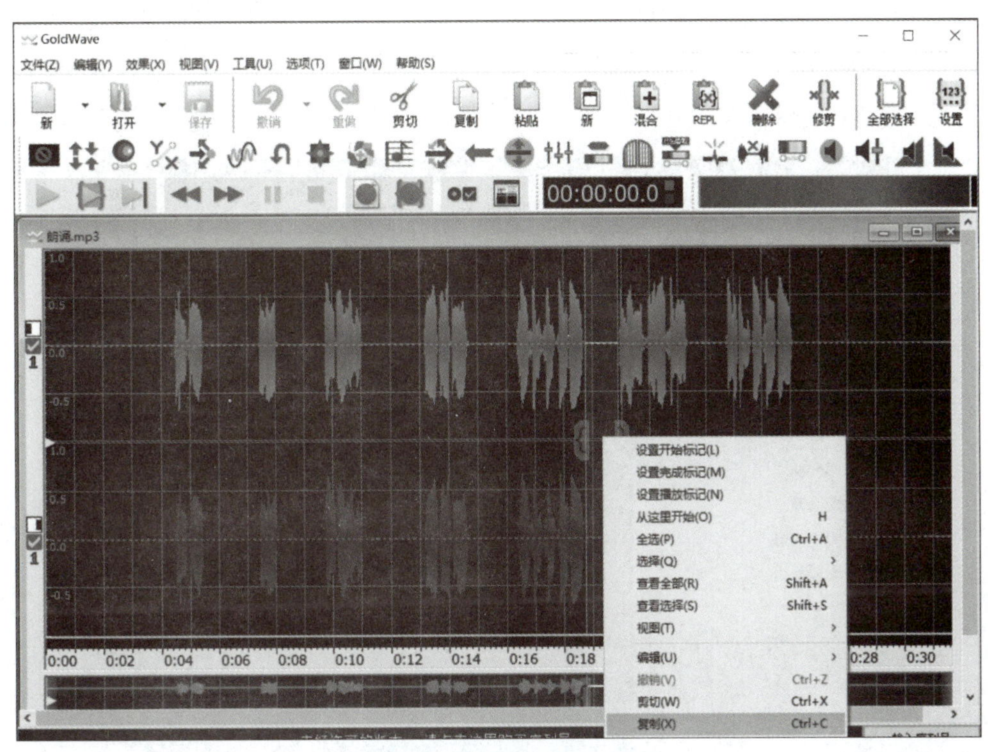

图 7-29　选择噪声片段

步骤 3：选择“效果”→“过滤”→“降噪”命令，如图 7-30 所示。

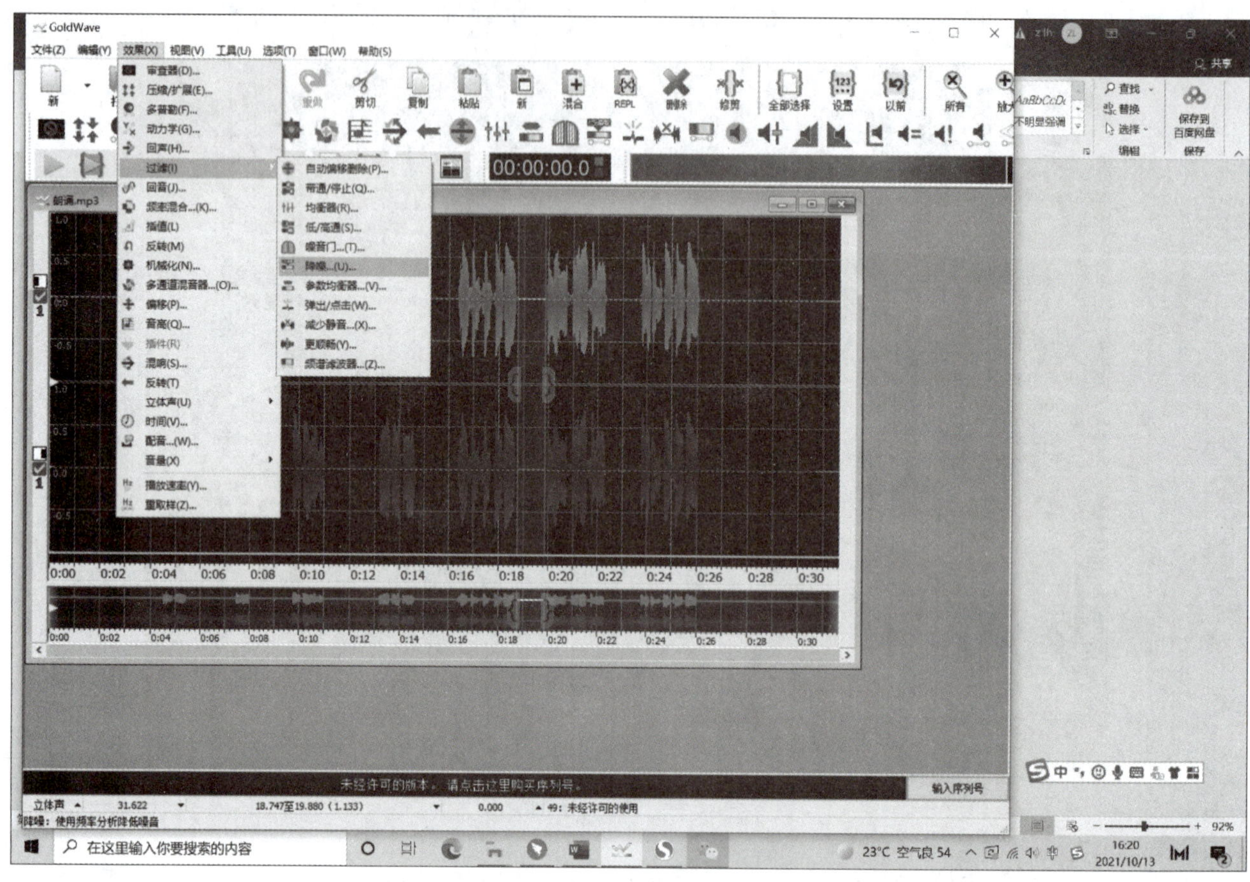

图 7-30　选择“降噪”命令

步骤 4：在打开的“降噪”对话框中“减少包络”设置为“使用剪贴板”，在“预设”下拉列表中选择合适的选项，单击“确定”按钮即可完成降噪，如图 7-31 所示。

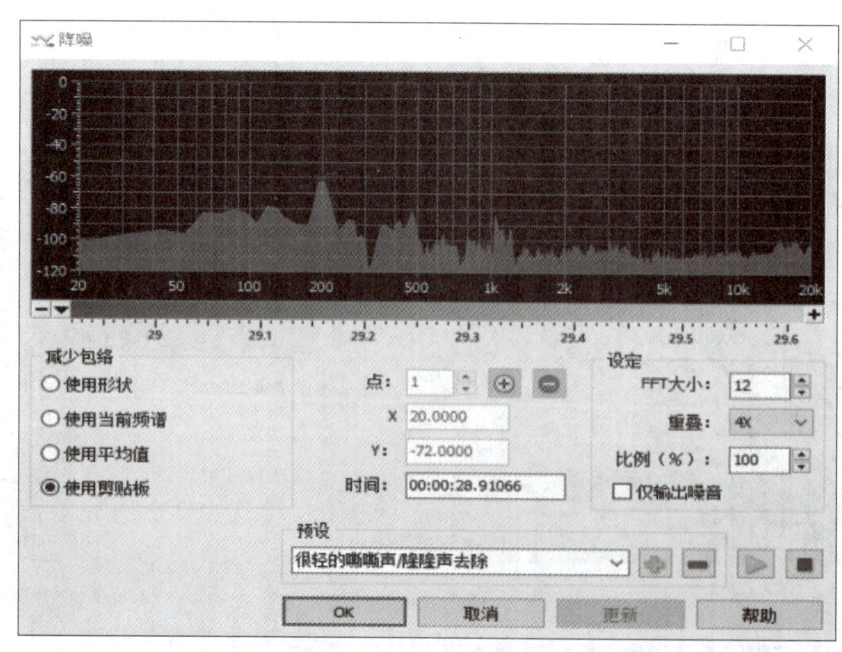

图 7-31　“降噪”对话框

降噪后的音频效果如图 7-32 所示。

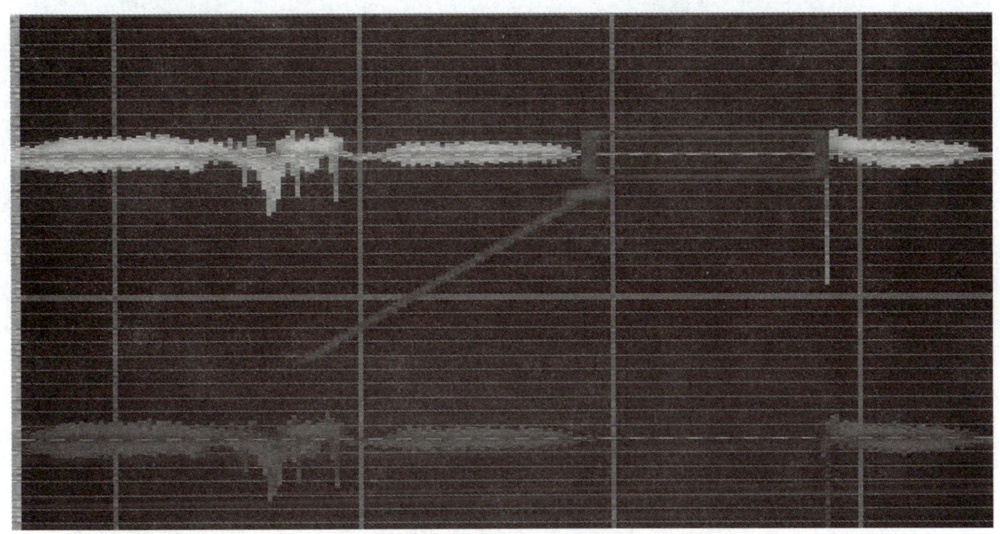

图 7-32　降噪后的音频效果

步骤 5：保存编辑好的音频文件为“朗诵 2.mp3”。

实验思考

（1）如何使用 GoldWave 消除音频里的人声？

（2）如何使用 GoldWave 对音频进行混响？

综合实验　使用视频编辑专家为视频添加字幕与背景音乐

实验目的

（1）掌握视频编辑专家中添加字幕的功能。

（2）掌握视频编辑专家添加背景音乐的功能。

实验内容

（1）应用视频编辑专家为视频添加对应基础实验 7.2 中朗读诗的字幕。

（2）应用视频编辑专家为视频添加基础实验 7.2 中“朗诵 2.mp3”的背景音乐。

实验步骤

1. 添加字幕

步骤 1：打开“视频编辑专家”软件，界面如图 7-33 所示。单击“编辑工具”界面中的“字幕制作”，打开“字幕制作”窗口，如图 7-34 所示。

步骤 2：单击“添加视频”按钮，选择需要加字幕的视频文件，视频添加完成后，单击“新增行”按钮，设置开始时间和结束时间，并在下面的文本框中输入字幕内容。输入基础实验 7.2 中对应的朗读诗。

步骤 3：有时一条字幕不够，可再次单击“新增行”重复上述动作，完成字幕添加，如图 7-35 所示。

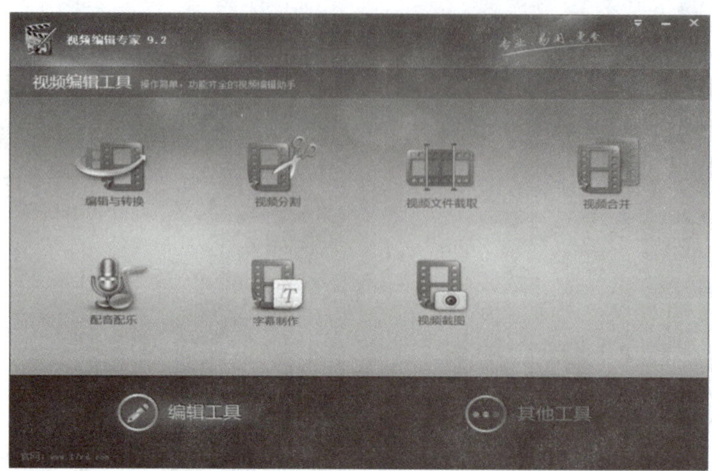

图 7-33　视频编辑专家主界面

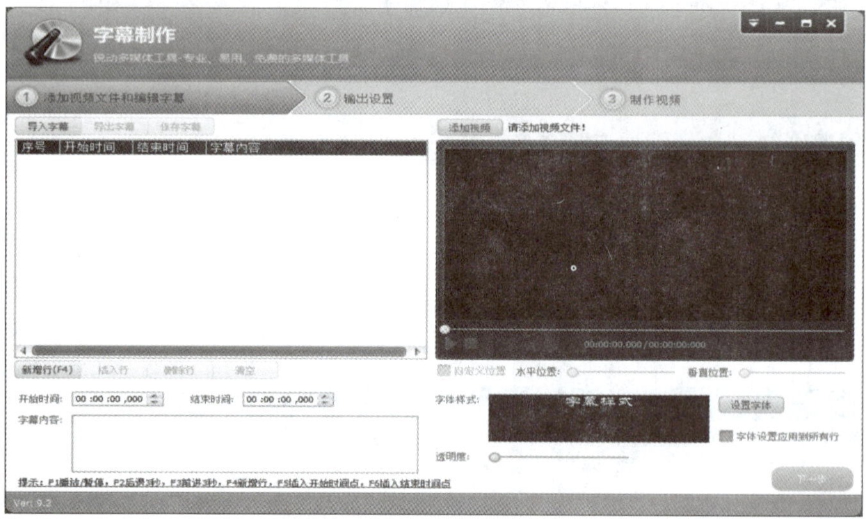

图 7-34　“字幕制作”窗口

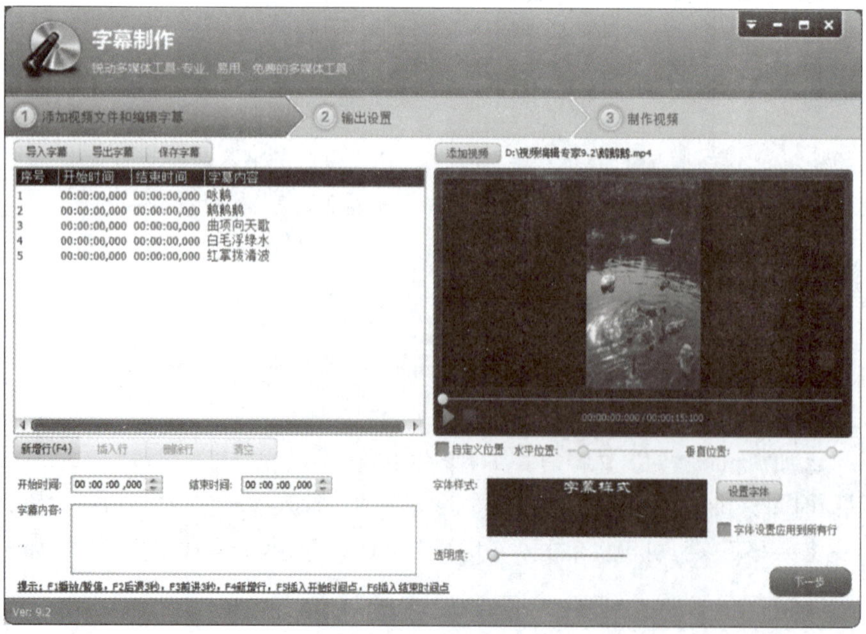

图 7-35　添加字幕

步骤 4：单击右下侧的“设置字体”按钮，打开“字体”对话框，根据需要选择相应的字体，如图 7–36 所示。

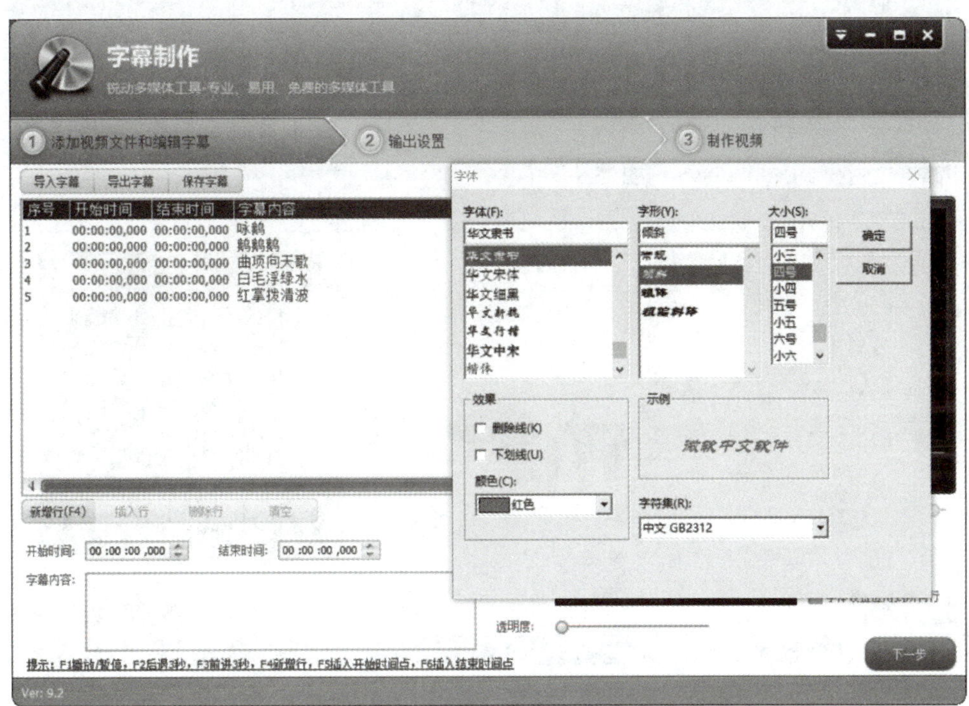

图 7–36　为字幕设置字体

步骤 5：单击“下一步”按钮，将合成字幕后的视频保存在相应位置（见图 7–37），并将视频命名为“鹅鹅鹅加字幕”的文件保存。

图 7–37　选择保存路径和目标格式

步骤 6：单击“下一步”按钮，开始合成。字幕合成完成后会通知制作结果“制作成功”，如图 7–38 所示。

将添加过字幕的视频存放在设置的输出目录中，关闭“字幕制作”窗口即可回到主界面。

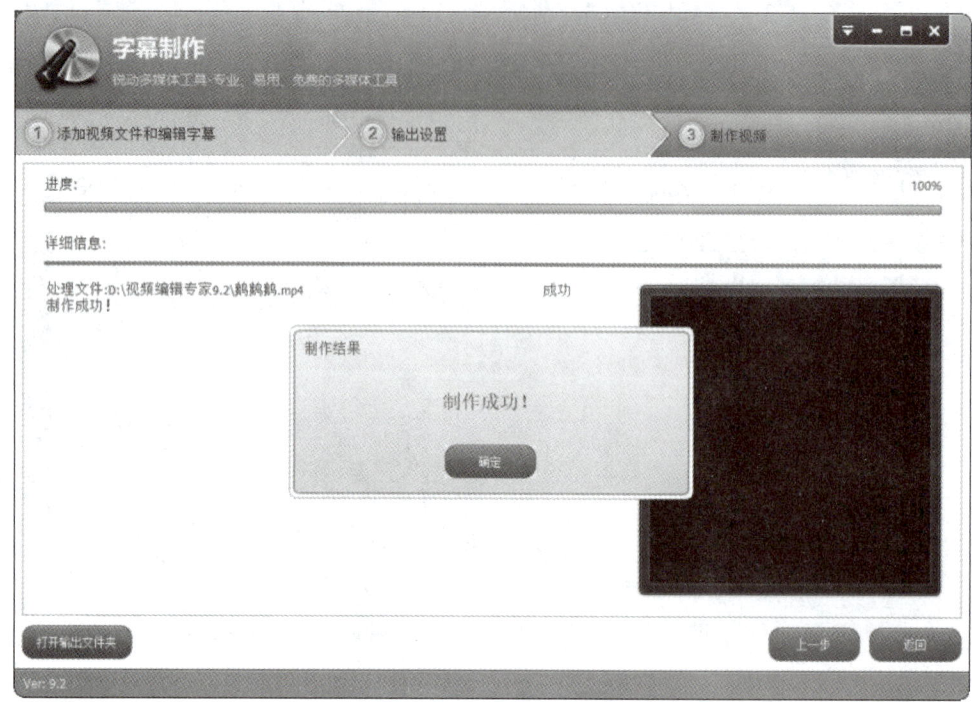

图 7-38　字幕制作成功

2. 添加配音

步骤 1：打开“视频编辑专家”软件，单击图 7-33 中的“配音配乐”按钮，打开“视频配音”窗口，如图 7-39 所示。

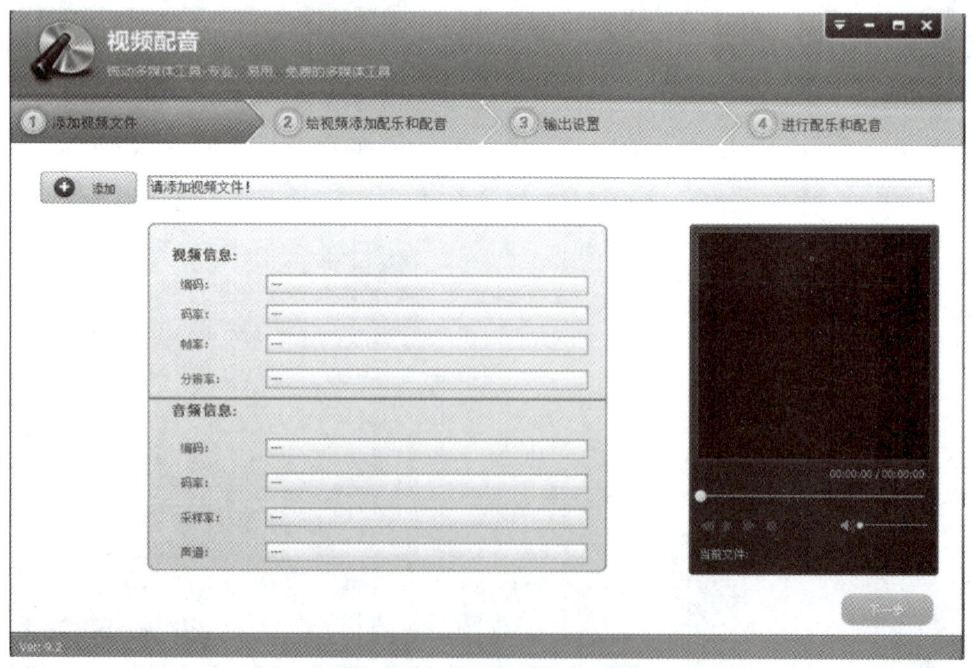

图 7-39　“视频配音”窗口

步骤 2：单击“添加”按钮，选择基础实验 7.2 的“鹅鹅鹅加字幕”视频文件，视频添加完成后单击“下一步”按钮，进入“给视频添加配乐和配音”的第二步，单击界面下方的“新增配乐”按钮，找到基础实验 7.2

中存储的“朗诵 2.mp3”，这里可以选中“消除原音”复选框以消除视频中的原音，如图 7–40 所示。

图 7–40　新增配乐

步骤 3：单击“下一步”按钮，设置输出目录和目标格式，再单击“下一步”按钮开始合成。配乐合成完成后会通知制作结果“视频配乐和配音成功”，如图 7–41 所示。添加过配乐的视频存放在设置的输出目录中，关闭“视频配音”窗口即可回到主界面。

图 7–41　配乐和配音成功

实验思考

（1）如何使用视频编辑专家进行视频分割？

（2）如何使用视频编辑专家进行视频截图？

第 8 章 软件技术基础

基础实验 8.1 栈和列队的基本操作

实验目的

（1）熟悉栈的特点（先进后出）及栈的基本操作，如入栈、出栈等，掌握栈的基本操作在栈的顺序存储结构的实现。

（2）熟悉队列的特点（先进先出）及队列的基本操作，如入队、出队等，掌握队列的基本操作在队列的顺序存储结构的实现。

实验内容

（1）初始化顺序栈。

（2）插入元素。

（3）删除栈顶元素。

（4）取栈顶元素。

（5）遍历顺序栈。

（6）置空顺序栈。

（7）初始化队列。

（8）建立顺序队列。

（9）入队。

（10）出队。

（11）判断队列是否为空。

（12）取队头元素。

（13）遍历队列。

实验步骤

1. 栈的顺序表示和实现

步骤 1：打开 Dev C++，新建项目输入以下代码，完成准备工作。

```
#include <stdio.h>
#include <malloc.h>
typedef int SElemType;
typedef int Status;
#define INIT_SIZE 100
```

```
#define STACKINCREMENT 10
#define Ok 1
#define Error 0
#define True 1
#define False 0
typedef struct
{
   SElemType *base;
   SElemType *top;
   int stacksize;
}SqStack;
```

步骤 2：栈的初始化操作功能实现。

```
Status InitStack(SqStack *s)
{
   s->base=(SElemType *)malloc(INIT_SIZE * sizeof(SElemType));
   if(!s->base)
   {
      puts("存储空间分配失败！ ");
      return Error;
   }
   s->top=s->base;
   s->stacksize=INIT_SIZE;
   return Ok;
}
```

步骤 3：清空栈的操作功能实现。

```
Status ClearStack(SqStack *s)
{
   s->top=s->base;
   return Ok;
}
```

步骤 4：判断栈是否为空的操作功能实现。

```
Status StackEmpty(SqStack *s)
 {
    if(s->top==s->base)
       return True;
    else
       return False;
 }
```

步骤 5：销毁栈的操作功能实现。

```
Status Destroy(SqStack *s)
{
   free(s->base);
   s->base=NULL;
   s->top=NULL;
   s->stacksize=0;
   return Ok;
}
```

步骤 6：获取栈顶元素的操作功能实现。

```
Status GetTop(SqStack *s, SElemType &e)
{
   if(s->top==s->base) return Error;
```

```
        e=*(s->top-1);
    return Ok;
}
```

步骤 7：数据进栈的操作功能实现。

```
Status Push(SqStack *s, SElemType e)
{
if(s->top-s->base>=s->stacksize)
{
    s->base=(SElemType *)realloc(s->base, (s->stacksize + STACKINCREMENT) * sizeof (SElemType));
    if(!s->base)
    {
        puts("存储空间分配失败！");
        return Error;
    }
    s->top=s->base+s->stacksize;
    s->stacksize+=STACKINCREMENT;

}
*s->top++=e;
return Ok;
}
```

步骤 8：数据出栈的操作功能实现。

```
Status Pop(SqStack *s, SElemType *e)
{
    if(s->top==s->base) return Error;
    --s->top;
    *e=*(s->top);
    return Ok;
}
```

步骤 9：遍历栈的操作功能实现。

```
Status StackTraverse(SqStack *s,Status(*visit)(SElemType))
{
    SElemType *b=s->base;
    SElemType *t=s->top;
    while(t>b)
        visit(*b++);
    printf("\n");
    return Ok;
 }

Status visit(SElemType c)
{
    printf("%d ",c);
    return Ok;
}
```

步骤 10：编写主程序，进行整个程序的测试。

```
int main()
{
    SqStack a;
    SqStack *s=&a;
    SElemType e;
    InitStack(s);
```

```
    int n;
    puts(" 请输入要进栈的个数: ");
    scanf("%d", &n);
    while(n--)
    {
        int m;
        scanf("%d", &m);
        Push(s, m);
    }
    StackTraverse(s, visit);
    puts("");
    Pop(s, &e);
    printf("%d\n", e);
    printf("%d\n", *s->top);
    Destroy(s);
    return 0;
}
```

实验结果如图 8-1 所示。

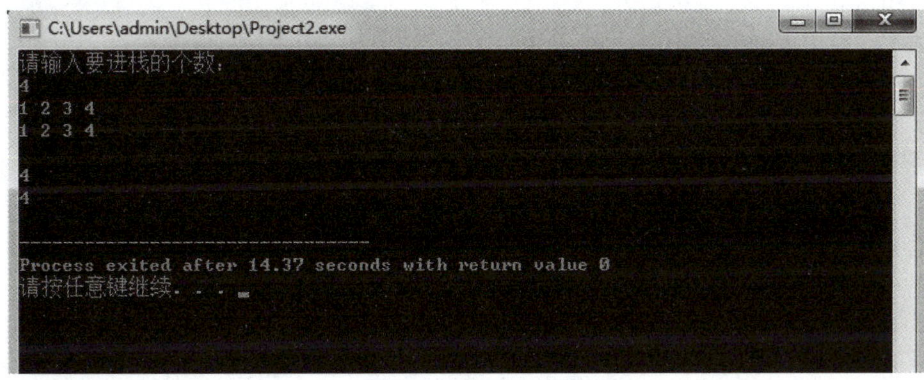

图 8-1　栈操作的实验结果

2. 队列的顺序表示和实现

步骤 1：打开 Dev C++，新建项目输入以下代码，完成准备工作。

```
#include <stdio.h>
#include <malloc.h>
typedef int QElemType;
typedef int Status;
#define MaxQSize 10
#define OK 1
#define ERROR 0
#define TRUE 1
#define FALSE 0
#define OVERFLOW -1
typedef struct
{
    QElemType *base;
    int front, rear;
}SqQueue;
```

步骤 2：循环队列的初始化操作功能实现。

```
int InitQueue(SqQueue &Q)
{
    Q.base=(QElemType*)malloc(MaxQSize*sizeof(QElemType));
```

```
    if (Q.base==NULL)
    {
        puts("分配内存空间失败! ");
        exit(OVERFLOW);
    }
    Q.front=Q.rear=0;
    return 0;
}
```

步骤 3：循环队列的清空操作功能实现。

```
int ClearQueue(SqQueue &Q)
{
    Q.front=Q.rear=0;
}
```

步骤 4：求队列中元素个数的操作功能实现。

```
int QueueLength(SqQueue Q)
{
    return (Q.rear-Q.front+MaxQSize)%MaxQSize;
}
```

步骤 5：插入元素到循环队列的操作功能实现。

```
int EnSqQueue(SqQueue &Q, QElemType e)
{
    if ((Q.rear+1)%MaxQSize==Q.front)
        return ERROR;                          //队列满
    Q.base[Q.rear]=e;                          //元素e入队
    Q.rear=(Q.rear+1) % MaxQSize;              //修改队尾指针
        return OK;
}
```

步骤 6：从循环队列中删除元素的操作功能实现。

```
int DeSqQueue(SqQueue &Q, QElemType &e)
{
    if (Q.front==Q.rear)
    return ERROR;
    e=Q.base[Q.front];                         //取队头元素至e
    Q.front=(Q.front+1) % MaxQSize;            //修改队头指针，如果超内存，循环
    return OK;
}
```

步骤 7：判断队列是否为空的操作功能实现。

```
int isQueueEmpty(SqQueue Q)
{
    if (Q.front==Q.rear)
        return TRUE;
    else
        return FALSE;
}
```

步骤 8：编写主程序，进行整个程序的测试。

```
int main()
{
    int i, e;
    SqQueue Q;
    InitQueue(Q);
```

```
    for(i=0; i<MaxQSize-1; i++)         //只有MaxQSize个数据进队列
       EnSqQueue(Q, i);
    i=QueueLength(Q);
    printf("队列里的元素有%d个\n", i);
    for(i=0; i<3; i++)
    {
       DeSqQueue(Q, e);
       printf("%d ", e);
    }
    printf("\n");
    i=QueueLength(Q);
    printf("队列里的元素有%d个\n", i);
    for(i=10; i<12; i++)
       EnSqQueue(Q, i);
    i=QueueLength(Q);
    printf("队列里的元素有%d个\n", i);
    ClearQueue(Q);
    i=QueueLength(Q);
    printf("队列里的元素有%d个\n", i);
    return 0;
}
```

实验结果如图 8-2 所示。

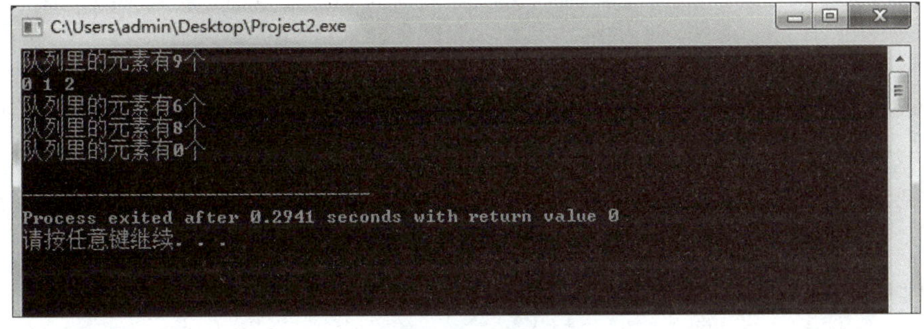

图 8-2　队列基本操作实验结果

实验思考

（1）栈和队列可以解决生活中的哪些问题？

（2）可以用栈实现队列操作吗，如果可以，该怎么实现？

基础实验 8.2　查找和排序

实验目的

（1）了解查找的基本原理，掌握二分查找的基本操作。

（2）了解排序的基本原理，掌握冒泡排序的基本操作。

实验内容

（1）分析二分查找的基本原理。

（2）二分查找的实现。

（3）分析冒泡排序的基本原理。

（4）冒泡排序的实现。

实验步骤

1. 二分查找的操作

操作提示：了解什么是二分查找。二分查找也称折半查找，其优点是查找速度快，缺点是要求所要查找的数据必须是有序序列。该算法的基本思想是将所要查找序列的中间位置的数据与所要查找的元素进行比较，如果相等，则表示查找成功，否则将以该位置为基准将所要查找的序列分为左右两部分。接下来根据所要查找序列的升降序规律及中间元素与所查找元素的大小关系，来选择所要查找元素可能存在的那部分序列，对其采用同样的方法进行查找，直至能够确定所要查找的元素是否存在，过程如图 8–3 所示。

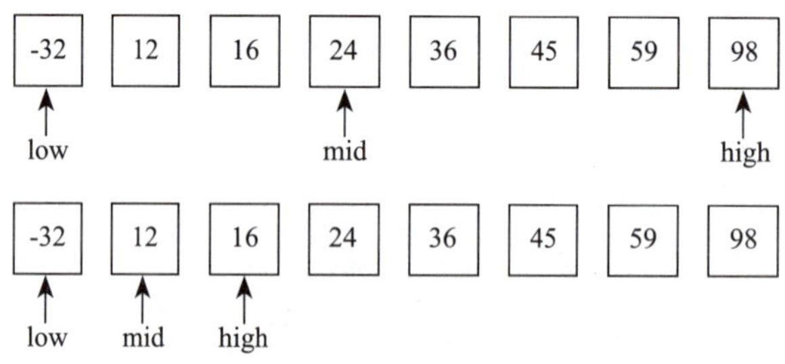

图 8–3　二分查找的过程

理解二分查找的过程。在图 8–3 所示的查找过程中，先将序列中间位置的元素与所要查找的元素进行比较，发现要查找的元素位于该位置的左部分序列中。接下来将 mid 的左边一个元素作为 high，继续进行二分查找，这时 mid 所对应的中间元素刚好是所要查找的元素，查找结束，返回查找元素所对应的下标。在 main( ) 函数中通过返回值来判断查找是否成功，如果查找成功，就打印输出“查找成功”的信息，否则输出“查找失败”的信息。

步骤 1：打开 Dev C++，新建项目输入以下代码，完成准备工作。

```
#include <stdio.h>
```

步骤 2：二分查找的功能实现。

```
int binarySearch(int a[], int n, int key){
   int low=0;
   int high=n-1;
   while(low<=high){
      int mid=(low+high)/2;
      int midVal=a[mid];
      if(midVal<key)
         low=mid+1;
      else if(midVal>key)
         high=mid-1;
      else
         return mid;
   }
   return -1;
}
```

步骤 3：编写主程序，测试二分查找的功能。

```
int main(){
   int i, val, ret;
   int a[8]={-32, 12, 16, 24, 36, 45, 59, 98};
```

```
    for(i=0; i<8; i++)
        printf("%d\t", a[i]);
    printf("\n 请输入所要查找的元素: ");
    scanf("%d",&val);
    ret=binarySearch(a,8,val);
    if(-1==ret)
        printf(" 查找失败 \n");
    else
        printf(" 查找成功 \n");
    return 0;
}
```

实验结果如图 8-4 所示。

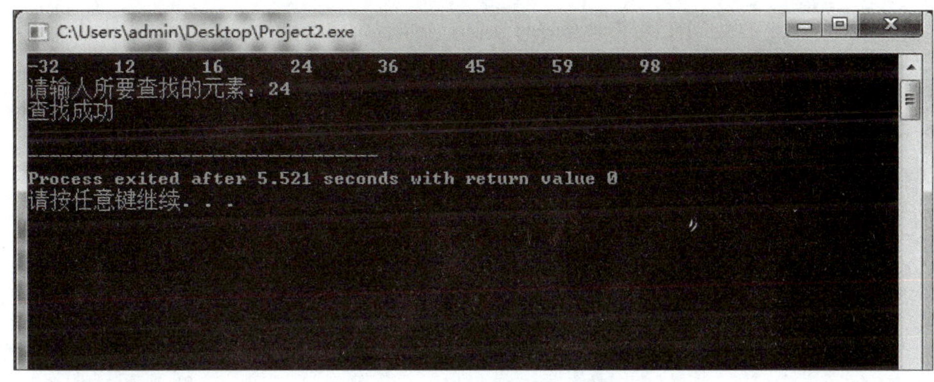

图 8-4　二分查找的实验结果

2. 冒泡排序的基本操作

操作提示：了解什么是冒泡排序。冒泡排序是排序算法的一种，思路清晰，代码简洁，常被用在大学生计算机课程中。“冒泡”这个名字的由来是因为越大的元素会经由交换慢慢“浮”到数列的顶端。这里以从小到大排序为例进行讲解。

理解冒泡排序的基本思想和过程。冒泡排序的基本思想就是不断比较相邻的两个数，让较大的元素不断地往后移。经过一轮比较，选出最大的数；经过第二轮比较，选出次大的数，依此类推。

下面以对 3 2 4 1 进行冒泡排序说明。

第一轮 排序过程：

3 2 4 1　（最初）

2 3 4 1　（比较 3 和 2，交换）

2 3 4 1　（比较 3 和 4，不交换）

2 3 1 4　（比较 4 和 1，交换）

第一轮结束，最大的数 4 已经在最后面，因此第二轮排序只需要对前面三个数进行再比较。

第二轮 排序过程：

2 3 1 4（第一轮排序结果）

2 3 1 4（比较 2 和 3，不交换）

2 1 3 4（比较 3 和 1，交换

第二轮结束，第二大的数已经排在倒数第二个位置，所以第三轮只需要比较前两个元素。

第三轮 排序过程：

2 1 3 4 （第二轮排序结果）

1 2 3 4 （比较 2 和 1，交换）

至此，排序结束。

步骤 1：打开 Dev C++，新建项目输入以下代码，完成准备工作。

```
#include<stdio.h>
#include<stdlib.h>
#define N 8
void bubble_sort(int a[],int n);
```

步骤 2：冒泡排序的功能实现。

```
void bubble_sort(int a[],int n)            //n 为数组 a 的元素个数
{
   //一定进行 N-1 轮比较
   for(int i=0; i<n-1; i++)
   {
      //每一轮比较前 n-1-i 个，即已排序好的最后 i 个不用比较
      for(int j=0; j<n-1-i; j++)
      {
         if(a[j]>a[j+1])
          {
             int temp=a[j];
             a[j]=a[j+1];
             a[j+1]=temp;
          }
      }
   }
}
```

步骤 3：冒泡排序的优化功能实现。

```
void bubble_sort_better(int a[],int n)     //n 为数组 a 的元素个数
{
   //最多进行 N-1 轮比较
   for(int i=0; i<n-1; i++)
   {
      bool isSorted=true;
      //每一轮比较前 n-1-i 个，即已排序好的最后 i 个不用比较
      for(int j=0; j<n-1-i; j++)
      {
         if(a[j]>a[j+1])
         {
            isSorted=false;
            int temp=a[j];
            a[j]=a[j+1];
            a[j+1]=temp;
         }
      }
      if(isSorted) break;                   //如果没有发生交换，说明数组已经排序好了
   }
}
```

步骤 4：编写主程序，测试冒泡排序的功能。

```
int  main()
{
   int num[N]={89, 38, 11, 78, 96, 44, 19, 25};
   bubble_sort(num, N);                     //或者使用 bubble_sort_better(num, N);
   for(int i=0; i<N; i++)
      printf("%d  ", num[i]);
```

```
    printf("\n");
    system("pause");
    return 0;
}
```

实验结果如图 8–5 所示。

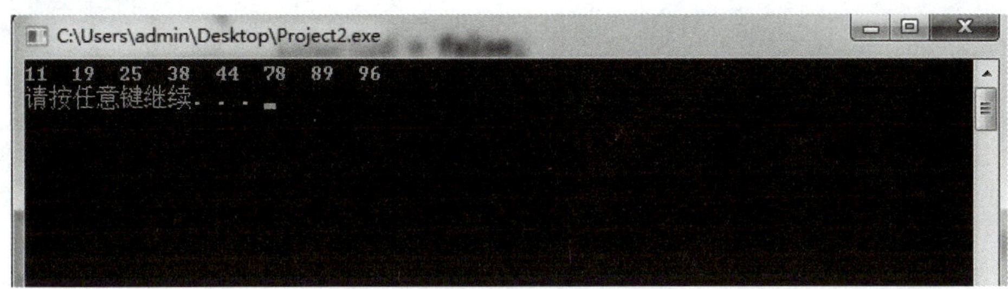

图 8–5　冒泡排序的实验结果

实验思考

（1）冒泡一定是对比相邻元素吗?

（2）如何对冒泡排序算法进行优化?

综合实验　设计学生信息管理系统

实验目的

（1）了解栈结构实现的方式。

（2）掌握排序和查找的综合使用。

实验内容

（1）了解结构体的基本使用。

（2）掌握根据学号和姓名查询信息。

（3）掌握根据学号和总成绩排序输出。

实验步骤

1. 学生信息管理系统设计与前期准备

操作提示：了解学生信息管理系统基本的功能需要。该系统的设计主要是根据前面学习的基础进行的综合性实验，采用 Dev C++ 平台进行开发设计。其功能有根据学号查找学生、根据姓名查找学生、根据学号排序输出信息、根据总成绩排序输出信息、获取所有学生信息。

对于学生信息管理系统的功能实现还要考虑学生信息的存储形式。学生信息包含的数据类型不是统一的，考虑到基本的数据类型无法存储，这里选取结构体这种复合数据类型，另外考虑到数据量的问题，最终采用以文件的形式存储信息，再读取到结构体中。其次，设立两个函数，功能分别为输出菜单和全部信息，以备重复调用。

步骤 1：打开 Dev C++，新建项目输入以下代码。

```
#include<stdio.h>
```

```
#include<stdlib.h>
#include<string.h>
#include<iostream>
using namespace std;
typedef struct{
   char num[4];
   char name[10];
   char sex[4];
   int score1;
   int score2;
   int sum;
}StuType;                                        // 学生信息结构体
typedef struct{
   StuType S[15];
   int stunum;
}Student;                                        // 学生信息表
```

步骤 2：设计系统主菜单。

```
void menu(){                                     // 菜单
   cout<<"*************** 学生信息管理系统 ***************"<<endl;
   cout<<"                    1. 根据学号查找学生 "<<endl;
   cout<<"                    2. 根据姓名查找学生 "<<endl;
   cout<<"                    3. 根据学号排序输出 "<<endl;
   cout<<"                    4. 根据总成绩排序输出 "<<endl;
   cout<<"                    5. 退出 "<<endl;
   cout<<"**********************************************"<<endl;
   cout<<" 请选择 ...\n";
}
```

步骤 3：打印学生全部信息。

```
void Allprint(Student &Stu){                     // 打印全部信息
   printf(" 学号 \t 姓名 \t 性别 \t 成绩 1\t 成绩 2\t 总成绩 \n");
   for (int i =1;i<=Stu.stunum;i++)
        {
   printf("%s\t%s\t%s\t%d\t%d\t%d\n",Stu.S[i].num,Stu.S[i].name,Stu.S[i].sex,Stu.S[i].score1,
      Stu.S[i].score2,Stu.S[i].sum);
   }
}
```

步骤 4：从文件中加载数据到结构体。

```
void Read(Student &Stu){                         // 从文件中读入信息到结构体
   FILE *fp=fopen("D:\\students.txt","rb");
   if(fp==NULL){                                 // 判断文件是否可以打开
      cout<<"can not open the file"<<endl;
      exit(0);
   }
   for(int i=1;;i++){
      int n=fscanf(fp,"%s%s%s%d%d",Stu.S[i].num,Stu.S[i].name,Stu.S[i].sex,&Stu.S[i].
score1,&Stu.S[i].score2);
      Stu.S[i].sum=Stu.S[i].score1+Stu.S[i].score2;      // 计算总成绩
      if(n==-1){                                 // 文件读入结束
         Stu.stunum=i-1;
         fclose(fp);
         break;
      }
   }
```

```
    fclose(fp);                    // 关闭文件
}
```

2. 系统基本功能实现

对学号使用冒泡排序，即依次比较相邻的两个数，将小数放在前面，大数放在后面；对总成绩使用堆排序，先建初堆，再调整堆，最后进行堆排序。查找学生信息：一种是按姓名查找，使用顺序查找；另外一种是按学号查找，使用折半查找。但需要注意的是，折半查找学号要保证学号是有序的。

步骤 1：冒泡排序的功能实现。

```
void NumSort(Student &Stu){    // 冒泡排序
    int m=Stu.stunum;
    int flag=1;                    // 标记某一趟排序是否发生交换
    int j;
    StuType t;
    while((m>0)&&(flag==1)){     //flag 置为 0，如果本次没有发生交换，就不会执行下一趟
        flag=0;
        for(j=1;j<m;j++)
            if(strcmp(Stu.S[j].num,Stu.S[j+1].num)>0)
            {
                flag=1;
                t=Stu.S[j];     // 交换前后记录
                Stu.S[j]=Stu.S[j+1];
                Stu.S[j+1]=t;
            }
        --m;
    }
}
```

步骤 2：堆的调整功能实现。

```
void HeapAdjust(Student &Stu,int s,int m){          // 调整堆
    StuType rc=Stu.S[s];
    for(int j=2*s;j<=m;j*=2){                        // 沿 key 值较大的孩子结点向下筛选
        if(j<m&&Stu.S[j].sum<Stu.S[j+1].sum)++j;    //j 为 key 值较大的记录的下标
        if(rc.sum>=Stu.S[j].sum)break;               //rc 应插在位置 s 上
        Stu.S[s]=Stu.S[j];
        s=j;
    }
    Stu.S[s]=rc;// 插入
}
```

步骤 3：堆的初始化操作功能实现。

```
void CreatHeap(Student &Stu){                        // 建初堆
    int n=Stu.stunum;                                // 建成大根堆
    for(int i=n/2;i>0;--i)
        HeapAdjust(Stu,i,n);
}
```

步骤 4：堆排序功能实现。

```
void SumSort(Student &Stu){                          // 堆排序
    CreatHeap(Stu);
    StuType t;
    for(int i=Stu.stunum;i>1;--i){
        t=Stu.S[1];             // 把堆顶元素和未经排序子序列中最后一个元素做交换
        Stu.S[1]=Stu.S[i];
        Stu.S[i]=t;
        HeapAdjust(Stu,1,i-1);
```

```
    }
    Allprint(Stu);
}
```

步骤 5：学生信息的顺序查找功能实现。

```
void NameSearch(Student &Stu){                          //顺序查找
    cout<<"请输入该学生的姓名：";
    char key[4];
    cin>>key;
    int nn,i;
    strcpy(Stu.S[0].name,key);                          //哨兵
    for(i=Stu.stunum;;--i)                              //从后往前找
        if(strcmp(Stu.S[i].name,Stu.S[0].name)==0)
        {
             nn=i;
             break;
        }
    nn=i;
    if(i==0)
    {
        cout<<"查无此人！"<<endl;
        return;
    }
    cout<<"查询成功！"<<endl;
    cout<<"学号："<<Stu.S[nn].num<<"  姓名："<<Stu.S[nn].name<<"  性别："<<Stu.S[nn].sex<<"
成绩 1："<<Stu.S[nn].score1
    <<"  成绩 2："<<Stu.S[nn].score2<<"  总成绩："<<Stu.S[nn].sum<<endl;
}
```

步骤 6：学生信息的折半查找功能实现。

```
void NumSearch(Student &Stu){                           //折半查找
    NumSort(Stu);
    cout<<"请输入该学生的学号：";
    char key[4];
    cin>>key;
    int nn=0;
    int low,high,mid;
    low=1;                                              //置查找区间初值
    high=Stu.stunum;
    while(low<=high)
    {
        mid=(high+low)/2;
        if(strcmp(key,Stu.S[mid].num)==0)               //找到待查元素
        {
            nn=mid;
            break;
        }
        else if(strcmp(key,Stu.S[mid].num)<0)           //继续在前一子表进行查找
            high=mid-1;
        else                                            //继续在后一子表进行查找
            low=mid+1;
    }
    cout<<"查询成功！"<<endl;
    cout<<"学号："<<Stu.S[nn].num<<"  姓名："<<Stu.S[nn].name<<"  性别："<<Stu.S[nn].
sex<<"  成绩 1："<<Stu.S[nn].score1
    <<"  成绩 2："<<Stu.S[nn].score2<<"  总成绩："<<Stu.S[nn].sum<<endl;
    return;
}
```

3. 系统功能测试

步骤：编写主程序，测试所有的功能模块。

```
int main(){
    Student Stu;
    Read(Stu);
    int m;
    while(m!=5){
        menu();
        cin>>m;
    switch(m){
        case 1:
          NumSearch(Stu);
          break;
        case 2:
          NameSearch(Stu);
          break;
        case 3:
          NumSort(Stu);
          Allprint(Stu);
          break;
        case 4:
          SumSort(Stu);
          break;
        case 5:
          cout<<"感谢您的使用！"<<endl;
          return 0;
        default:
          cout<<"没有该选项！"<<endl;
          break;
    }
    system("pause");
    system("cls");
    }
    return 0;
}
```

部分实验结果如图 8-6 所示。

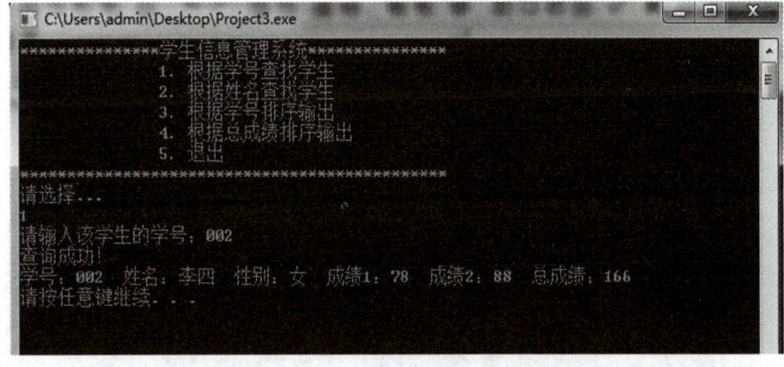

图 8-6　根据学号查询学生实验结果

实验思考

（1）该实验哪里体现出了程序模块化的设计思想？

（2）你认为该系统还有哪些功能需要添加？

第 9 章 计算机网络

基础实验 9.1 检查、配置计算机网络设置

实验目的

（1）了解计算机网络配置。

（2）掌握计算机网络连通性检查方法。

实验内容

（1）利用 ipconfig 命令检测计算机网络配置。

（2）利用 ping 命令检测网络的连通性。

实验步骤

1. 利用 ipconfig 命令检查计算机网络配置

操作提示：ipconfig 是 Windows 操作系统自带的一个网络检测实用程序，可用于显示当前主机的 TCP/IP 协议配置是否正确。

步骤 1：选择“开始”→“运行”命令，输入 cmd 命令后按【Enter】键，打开“命令提示符”窗口。

步骤 2：在命令提示符下输入 ipconfig/all 网络检测命令，这时将显示本机的网络参数设置情况，如图 9-1 所示。

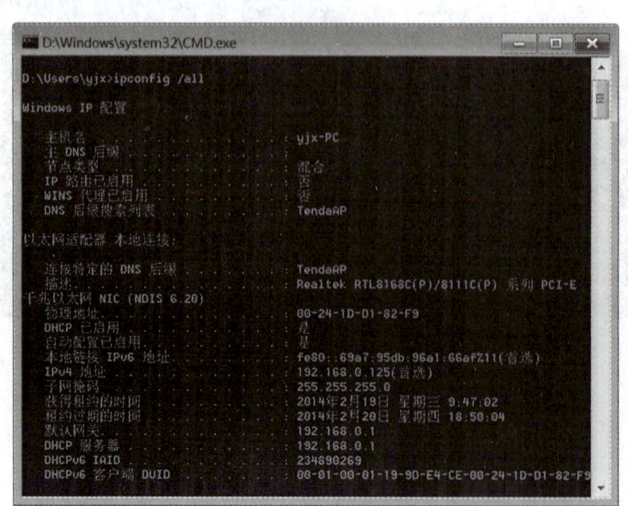

图 9-1　检查网络设置和 MAC 地址

2. 利用 ping 命令检查网络连通情况

操作提示：ping 命令是 Windows 操作系统自带的一个网络连通检测程序，它可以在“命令提示符”窗口下执行。许多网络设备（如路由器、交换机）也支持 ping 命令。ping 命令用于确定本机是否能与另一台主机交换数据。ping 命令主要用于网络故障检测，如果 ping 命令运行正确，基本上可以排除网卡、TCP/IP 协议配置、通信线路、路由器等存在的故障，它是一个使用频率极高的网络实用程序。

在默认设置下，ping 命令发送四个回送请求检测数据包，每个数据包为 32 字节，如果网络运行正常，本机就会收到四个回送的应答数据包。ping 命令的使用很简单，操作过程如下：

步骤：在“命令提示符”窗口下输入 ping 命令与本机或对方主机的 IP 地址或域名即可，如图 9–2 所示。

```
C:\>ping  www.baidu.com
正在 Ping www.baidu.com [115.239.210.27] 具有 32 字节的数据 :
来自 115.239.210.27 的回复：字节 =32 时间 =28ms TTL=55
来自 115.239.210.27 的回复：字节 =32 时间 =59ms TTL=55
来自 115.239.210.27 的回复：字节 =32 时间 =27ms TTL=55
来自 115.239.210.27 的回复：字节 =32 时间 =54ms TTL=55


115.239.210.27 的 ping 统计信息 :
  数据包：已发送 = 4，已接收 = 4，丢失 = 0 (0% 丢失 )，
往返行程的估计时间 ( 以毫秒为单位 ):
  最短 = 27ms，最长 = 59ms，平均 = 42ms
```

图 9–2 利用 ping 命令检查网络连通情况

其中，TTL（Time To Live，生存时间）值可用来推算数据包经过了多少个路由器网段。不同的操作系统，TTL 默认值不同。

实验思考

（1）ping 命令如何利用参数更改发送数据报的数量？

（2）ping 命令如何利用参数更改发送数据报的大小？

基础实验 9.2 互联网的典型应用、IE 浏览器的基本操作和电子邮箱的使用

实验目的

（1）掌握 IE11 浏览器的基本操作。

（2）掌握电子邮箱的申请。

（3）熟悉 Web 方式下邮件的收发。

实验内容

（1）IE 浏览器工作环境的设置。

（2）通过 IE 浏览器浏览网页的方法。

（3）IE 的信息检索方法。

（4）文件下载的方法。

（5）申请一个免费的电子邮箱。

（6）以新浪网上提供的免费邮箱为例，用 Web 方式收发电子邮件。

实验步骤

1. IE 浏览器工作环境的设置

步骤 1：设置 IE 的主页。

① 打开 IE 浏览器，单击右上角的工具图标，选择“Internet 选项”命令。

② 在打开的“Internet 选项”对话框中，选择“常规”选项卡，如图 9-3 所示。

③ 在“主页”文本框中输入打开 IE 时首先要显示的网页地址（如百度搜索引擎的 URL：http://www.baidu.com）。

④ 单击“确定”按钮，完成 IE 主页的设置。

步骤 2：每个站点的隐私操作。

① 在“Internet 选项”对话框中选择“隐私”选项卡，单击“站点”按钮。

② 在打开的“每个站点的隐私操作”对话框中，在“网站地址”文本框中输入 www.shengda.edu.cn，然后单击“允许”按钮，如图 9-4 所示。在这个对话框中可以指定始终或从不使用 cookie 的网站。

> **注意：**
> 如果输入错误可以选择“托管网站”列表框中的相关网址，单击“删除”按钮，即可删除不需要管理的网址。

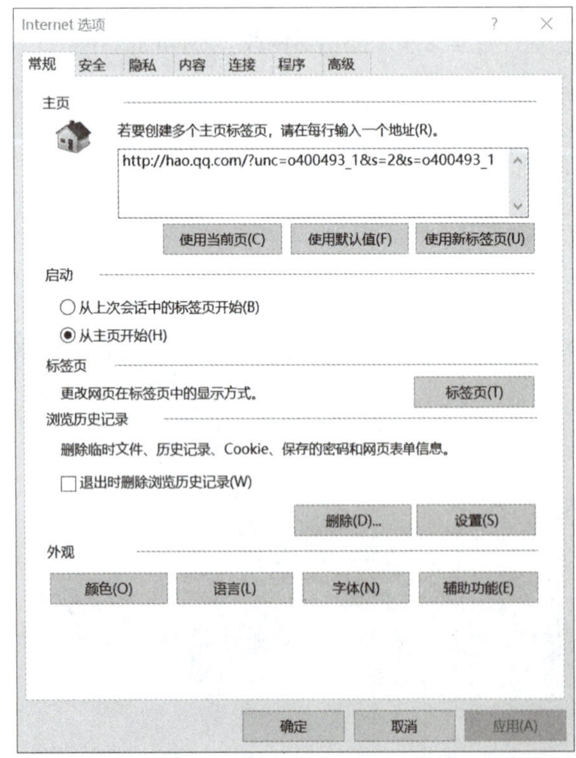

图 9-3 “Internet 选项”对话框

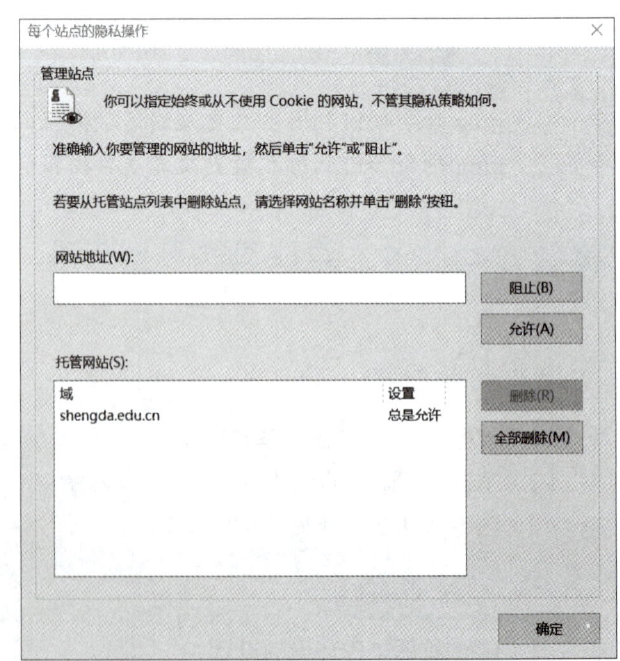

图 9-4 “每个站点的隐私操作”对话框

③ 设置完成后，单击“确定”按钮，保存相关设置。

步骤 3：网络连接设置（以个人宽带用户为例）。

① 在“Internet 选项”对话框中选择“连接”选项卡。

② 如果想建立一个新的连接，单击“设置”按钮（见图 9-5），则打开“连接到 Internet”对话框，如图 9-6 所示。

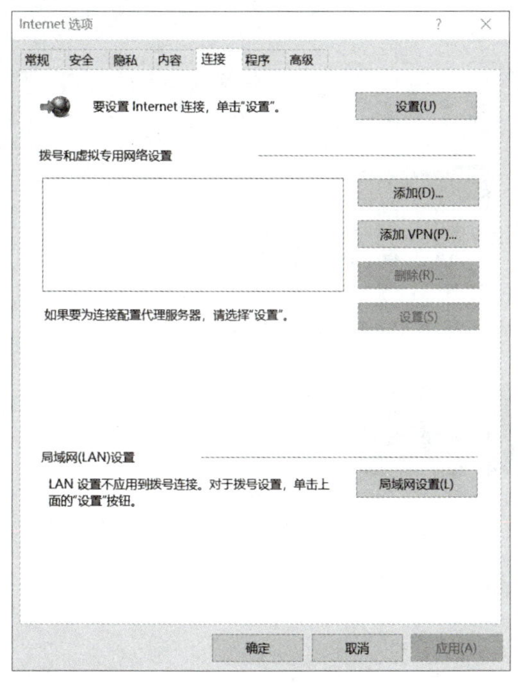

图 9-5　“连接”选项卡

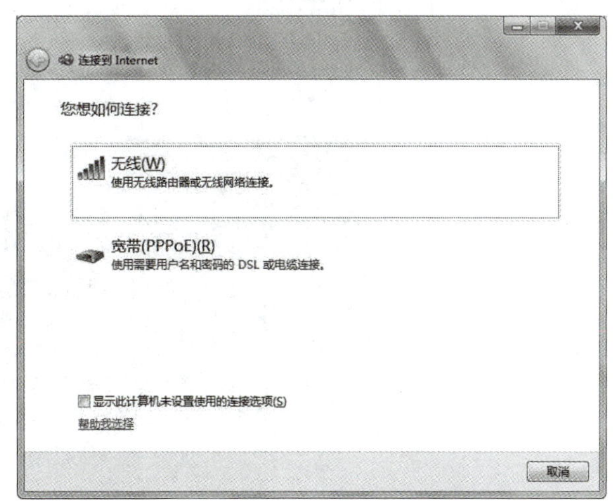

图 9-6　“连接到 Internet”对话框之一

③ 选择网络连接类型，在此选择“宽带（PPPOE）”。

④ 打开图 9-7 所示的对话框，在“连接名称”文本框中输入要使用的连接名称，如 mylink。输入相关的用户名和密码，需要注意的是：用户名后边需要加上“@adsl”标志，并根据相关使用方式选择连接属性（可以使用默认形式）。

⑤ 单击“连接”按钮完成连接。

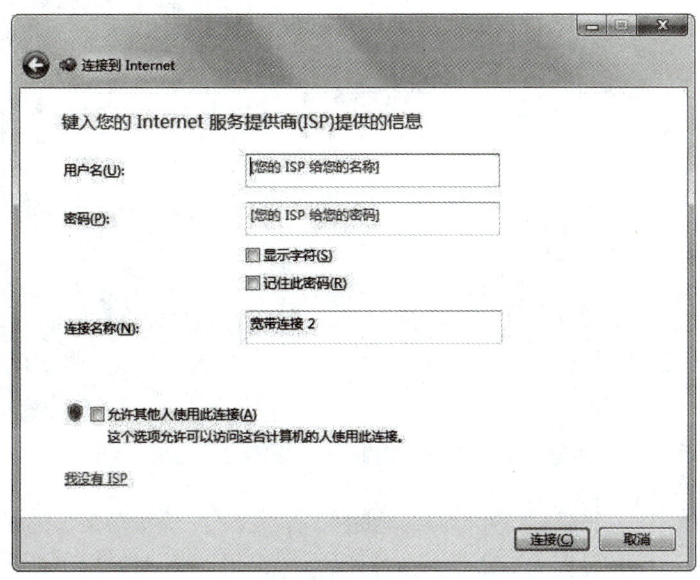

图 9-7　“连接到 Internet”对话框之二

2. 通过 IE 浏览器浏览网页的方法

步骤 1：启动 IE 浏览器。

步骤 2：在地址栏中输入“新浪网”的网址 http://www.sina.com.cn，然后按【Enter】键，浏览该网站内容，如图 9–8 所示。

图 9–8 “新浪网”网页部分页面内容

步骤 3：利用超链接功能浏览网页。将鼠标指针指向“时政”所在的超链接，单击进入该链接所指向的网页，浏览相关信息。

步骤 4：按同样的方法在“时尚”网页上浏览其他超链接所对应的网页。

步骤 5：利用 IE 工具栏中的“前进”“后退”“刷新”“主页”按钮完成网页中的相互转向操作。

步骤 6：网页保存。返回“新浪网”首页，单击右上角的工具图标，选择“文件”→“另存为”命令，将当前主页保存到“文档”中，文件名为“新浪首页”，保存类型为“网页，全部”，如图 9–9 和图 9–10 所示。

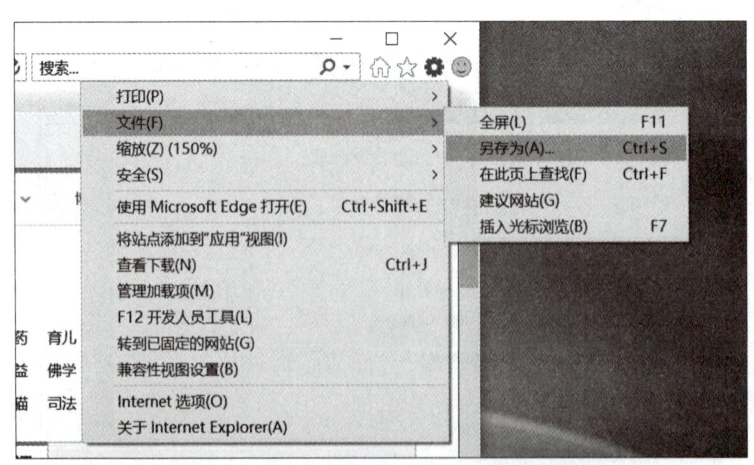

图 9–9 选择“文件”→“另存为”命令

步骤 7：保存网页中的图片。将鼠标指针指向“新浪网”首页上的“珍稀鸟类彩鹮现身儋州湾”图片并右击，在弹出的快捷菜单中选择“图片另存为”命令，在打开的“保存图片”对话框中命名图片为“珍稀鸟类彩鹮现身儋州湾”，保存类型默认，文件位置在“此电脑”中的“图片”库中，如图 9–11 所示。

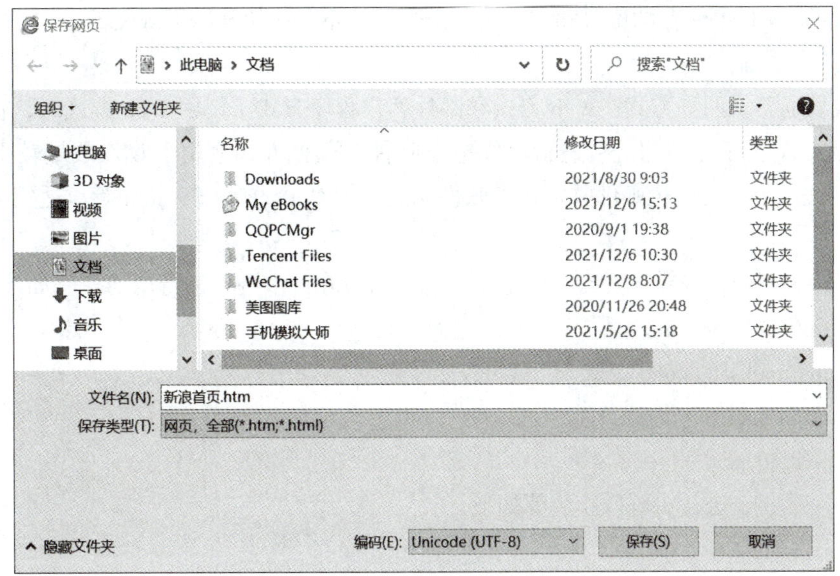

图 9-10　“保存网页”对话框

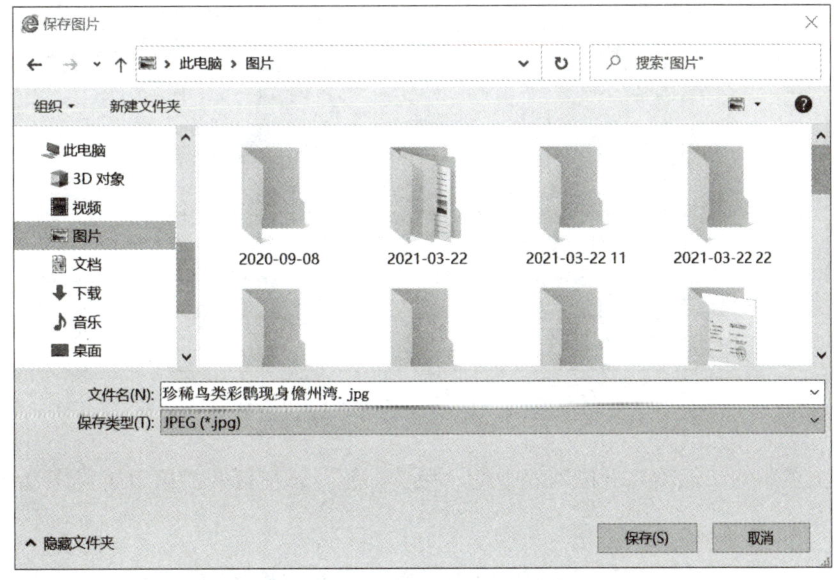

图 9-11　“保存图片”对话框

步骤 8：收藏网页。返回“新浪网”首页，单击页面左上角的添加到收藏夹栏按钮，把新浪首页收藏到收藏夹里。

3. IE 的信息检索方法

步骤 1：打开百度搜索引擎首页 http://www.baidu.com.cn。

步骤 2：在文本框中输入“北京冬奥会”搜索关键词，选择搜索类型为“图片”，再选择图片类型为“新闻图片”，然后单击“百度一下”按钮。

步骤 3：在打开的新窗口中，选择需要的图片根据需要进行操作即可。

4. 文件下载

步骤 1：打开软件下载网站，如太平洋电脑网，网址为 http://dl.pconline.com.cn。

步骤 2：单击要下载软件的超链接部分，如“金山毒霸”。

步骤 3：在打开的新窗口中单击下载超链接。

步骤 4：设置下载文件要保存的位置和文件名，单击“确定”按钮开始下载文件。

5. 申请免费的电子邮箱

电子邮件的收发通常有两种方式：Web 方式和邮件客户程序方式。使用 Web 方式时，在浏览器中通过网站进入邮箱，然后，单击相应的超链接进行收发电子邮件，这种方式适用于收发数量较少的邮件，通常用于个人；邮件客户程序方式是通过邮件收发代理软件完成，如 Outlook 和 FoxMail 等，适用于收发数量较多的单位或集体。

为了练习电子邮件的收发，首先要有一个电子邮箱，可以在许多网站进行申请。例如下面这些网站：

① 新浪网：http://mail.sina.com。

② 搜狐网：http://mail.sohu.com。

③ 网易 163：http://mail.163.com。

④ QQ：http://mail.qq.com。

下面以“新浪”为例，进行讲解操作步骤如下：

步骤 1：启动 IE 浏览器。

步骤 2：在地址栏输入新浪网的网址 www.sina.com.cn，打开新浪网站的主页，如图 9-12 所示。

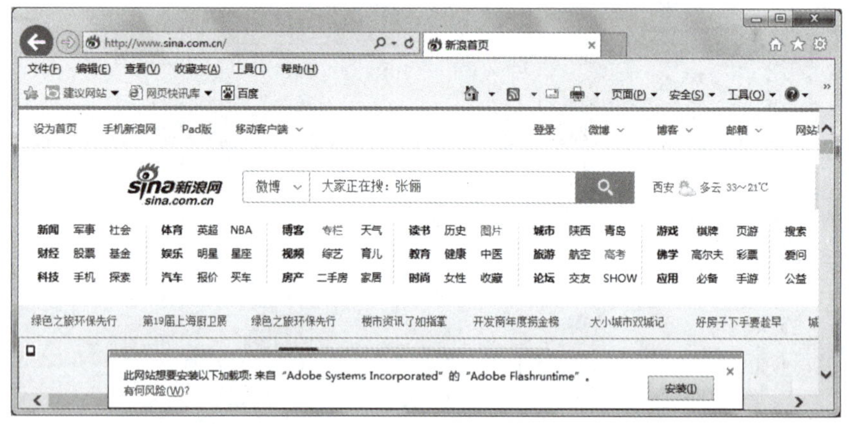

图 9-12　新浪网站主页

步骤 3：单击主页中的“邮箱”下拉列表中的“免费邮箱”，在打开的窗口（见图 9-13）中，单击“立即注册”按钮。

图 9-13　注册免费邮箱

步骤 4：按屏幕上的提示填写相关的信息，如图 9-14 所示。

步骤 5：申请成功后，要牢记设置的用户名和密码。

6. 用 Web 方式收发电子邮件

本实验以新浪网上提供的免费邮箱为例，使用 Web 方式收发电子邮件。操作步骤如下：

步骤 1：启动 IE 浏览器。

步骤 2：在地址栏输入 http://www.sina.com.cn，进入新浪首页。

步骤 3：登录邮箱用户，单击主页中的“邮箱”下拉列表中的“免费邮箱”，在登录窗口中输入用户名和密码，然后单击“登录”按钮，进入新浪邮箱主页面，如图 9-15 所示。

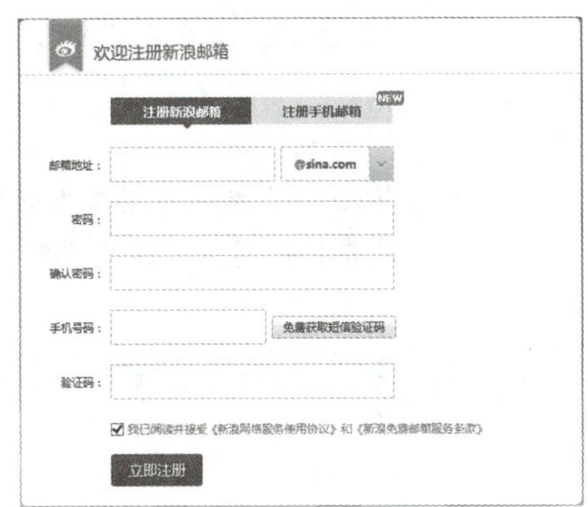

图 9-14　注册信息

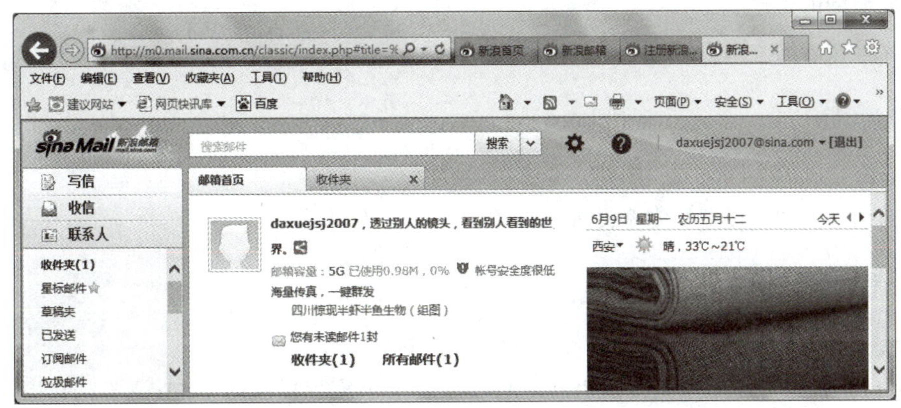

图 9-15　新浪邮箱首页

步骤 4：在邮箱首页面中，有“收信”“写信”“联系人”等按钮，有“通讯录”下拉列表，左下方还有“收件夹”“草稿夹”“已发送”“已删除”“垃圾邮件”“保留邮件”等文件夹。单击某个文件夹时，右侧会显示出该文件夹中的内容。

步骤 5：如果要写信，单击“写信”按钮，进入写邮件界面，如图 9-16 所示。

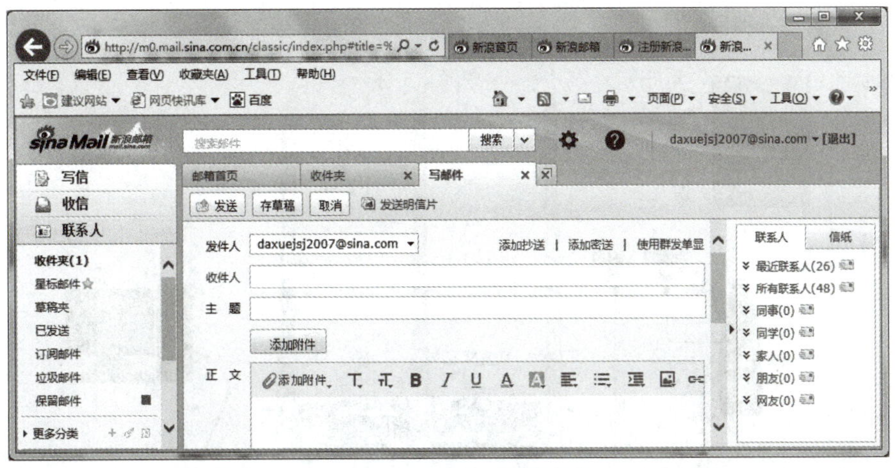

图 9-16　写邮件界面

步骤 6：在写邮件界面中，输入收件人邮箱地址、邮件主题、根据需要输入抄送地址上传附件。接下来在下方输入邮件正文的内容。

步骤 7：邮件写好后，可以设置正文字体的大小和格式，设置信纸的样式。

步骤 8：格式设置后，单击“发送”按钮，即可以发送邮件，发送成功后会显示“邮件发送成功”的提示。

实验思考

（1）用 Web 方式发邮件怎么发送文件？

（2）如果要将一封信同时发送给多个人，应该如何操作？

综合实验 利用光纤接入技术组建家庭局域网

实验目的

（1）掌握局域网的组建。

（2）掌握光纤接入的上网方式。

实验内容

（1）利用光纤接入的上网方式，组建一个家庭局域网。

（2）进行路由器的初始设置、安全设置。

实验步骤

步骤 1：准备光纤接入局域网需要的设备、分析连接方法。

家庭里有多台设备，可以采用无线路由器（AP）建立一个家庭局域网（WLAN），它提供多台计算机同时接入局域网的功能。无线上网的计算机需要安装无线网卡，笔记本计算机大部分都已自带了无线网卡，支持 Wi-Fi 功能的智能手机和平板计算机等也自带了无线上网模块，而具有有线网卡的设备也可以通过网线接上无线路由器，使用光纤接入技术上网的局域网（WLAN）连接方法如图 9-17 所示。

AP 的功能是将有线网络信号转换为无线信号，它是整个无线网络的核心。AP 的位置决定了整个无线网络的信号强度和传输速率。建议选择一个不容易被阻挡，并且信号能覆盖房间内所有角落的位置。

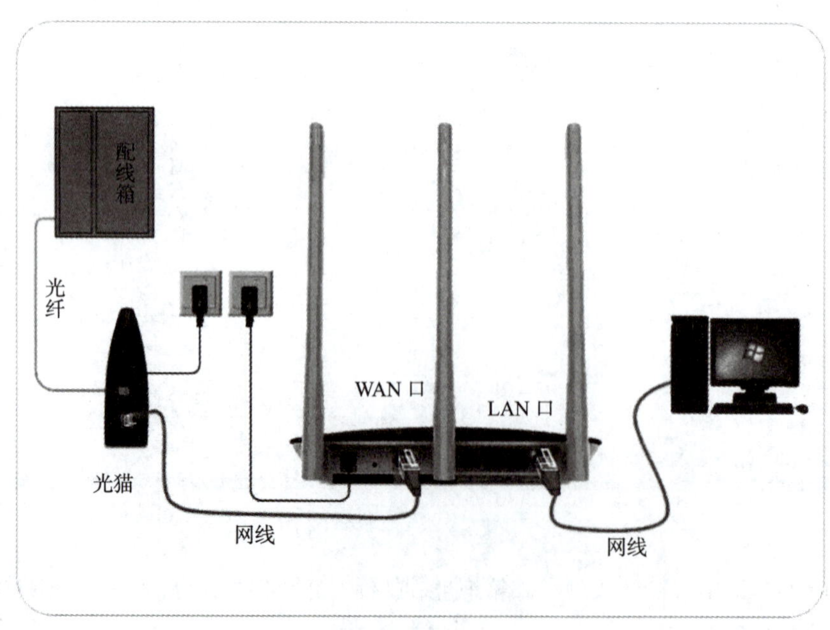

图 9-17　无线局域网（WLAN）连接方法

步骤 2：进行无线路由器的初始设置。

操作提示：不同厂商的无线路由器设置方法不同，但是基本流程大同小异。下面以 TP-LINK 无线路由器为例，进行设置说明。

① 接通无线路由器电源，插上网线，进线插在 AP 的 WAN（广域网）端口；与有线上网微机连接的网线插在 AP 的任意一个 LAN（局域网）端口。做好以上工作后，查看 AP 用户手册中的无线路由器的地址（一般为 192.168.1.1）和账号密码（一般均为 admin）。

② 运行 IE 浏览器，在地址栏输入无线路由器地址 192.168.1.1。

③ 在打开的“需要进行身份验证”对话框中，输入相应的账号和密码（一般均为 admin），单击“登录”按钮，如图 9-18 所示，

图 9-18　身份验证设置

④ 在打开的“设置向导”对话框（见图 9-19）中，可以看到有三种上网方式供选择，如果用户采用光纤接入上网，则选中 PPPoE 单选按钮；“动态 IP”一般用于以太网接入；“静态 IP”一般用于专线接入或小区带宽网络等。这里选中 PPPoE 单选按钮，单击“下一步”按钮。

⑤ 在打开的“设置向导”对话框（见图 9-20）中填写上网账号和上网口令。开通宽带网络时，因特网服务提供商（ISP）都会提供上网账号与上网口令，填写后单击“下一步”按钮。

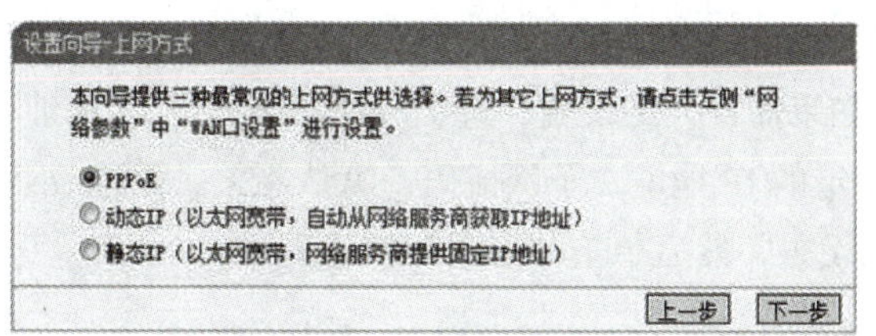

图 9-19　上网方式设置

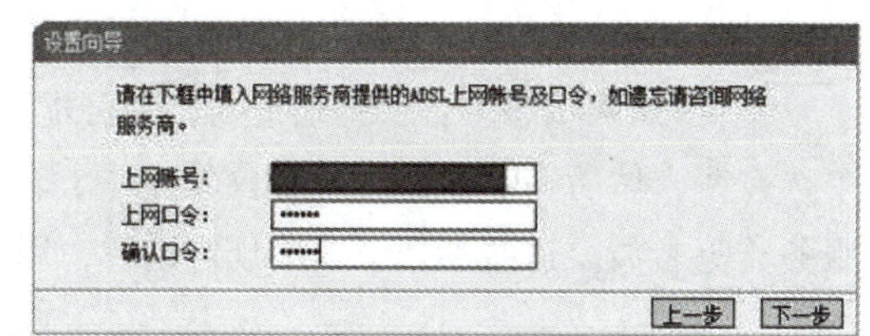

图 9-20　上网账号和上网口令设置

⑥ 在打开的“设置指导 - 无线设置”对话框（见图 9-21）中可以看到信道、模式、无线安全选项等参数。“无线状态”选择“开启”命令；SSID 是一个名字，可以随便填写；“信道”一般选择“自动”命令；“模式”大多用 11bgn mixed；“频段带宽”选择“自动”；“无线安全选项”选择 WPA-PSK/WPA2-PSK，这样较为安全，免得被别人破解。

⑦ 单击“下一步”→“完成”按钮，无线路由器就设置完成了。无线路由器会自动重启，等待一会儿，成功后就会出现如图 9-22 所示界面。

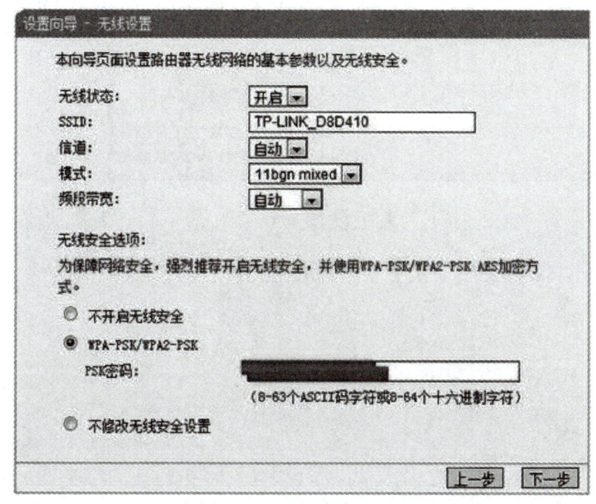

图 9-21　无线通信参数设置

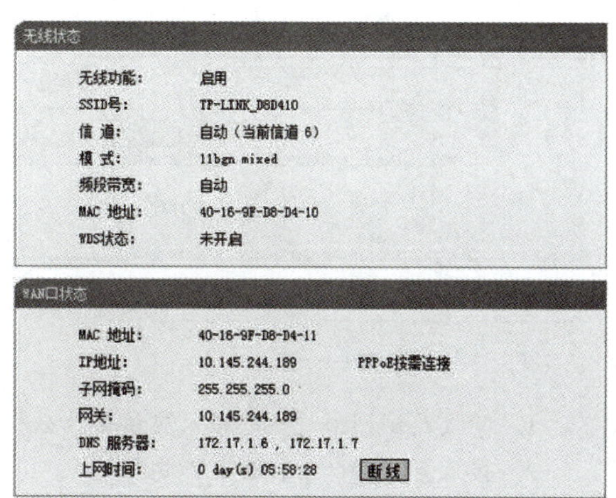

图 9-22　无线路由器设置成功后的界面

步骤 3：进行 IP 地址设置。

操作提示：大部分网络都提供 IP 地址自动分配技术，因此用户不需要设置网络地址和参数。但是，也有少部分局域网为了网络安全和网络管理，需要进行网络地址人工设置。IP 地址的人工设置方法如下：

① 在 Windows 7 系统桌面右击“网络”图标选择“属性”命令，打开“网络和共享中心”窗口。

② 单击“更改适配器设置”链接，如图 9–23 所示。

③在打开的窗口中，右击“本地连接”，在弹出的快捷菜单中选择“属性”命令，在打开的对话框中选中“Internet 协议版本 4（TCP/IPv4）”，单击“属性”按钮。

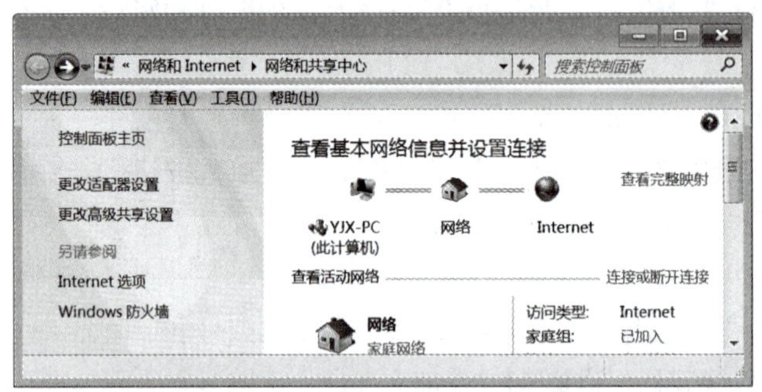

图 9–23 “网络和共享中心”窗口

④ 在默认状态下，网络地址为自动分配（见图 9–24）。如果需要人工设置，选中“使用下面的 IP 地址”单选按钮，然后在“IP 地址”等文本框中，输入网络管理员指定的 IP 地址、子网掩码、默认网关、首选 DNS 服务器等参数。这些参数必须按规定设置，用户不能随意自由设置，然后单击“确定”按钮即可。

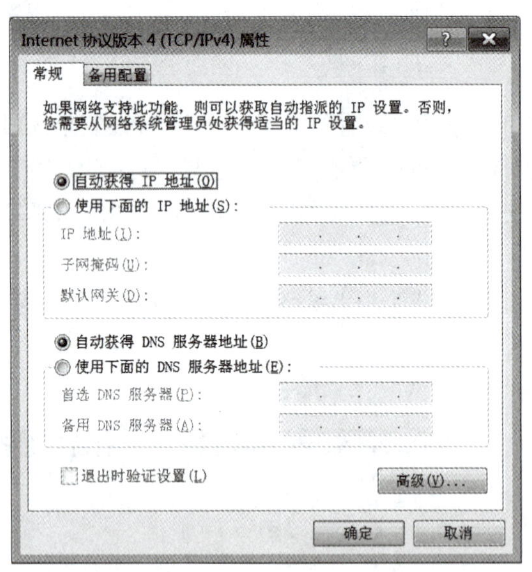

（a）自动分配

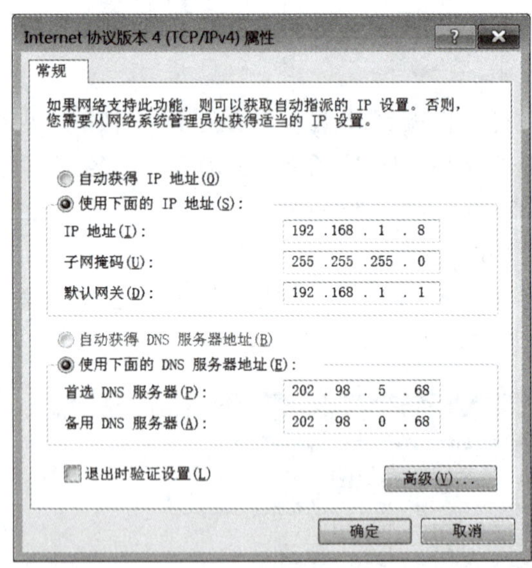

（b）人工设置

图 9–24 IP 地址的自动分配与人工设置

实验思考

1. 学校局域网通过光纤接入应该是什么样的组网方式？
2. 接入互联网的 ISP 都有哪些？

第 10 章 计算机新技术

基础实验 10.1 安装百度云网盘

实验目的

（1）掌握百度云网盘的下载、安装。

（2）掌握百度云网盘账号的注册、登录。

实验内容

（1）百度云网盘的下载、安装。下载并安装一个百度网盘软件，用于存储和备份文件。

（2）百度云网盘账号的注册、登录。输入真实信息注册一个百度云网盘账号，便于登录网盘，将文件存储到百度云端。

实验步骤

1. 百度云网盘的下载、安装

步骤 1：在浏览器中的网址栏输入百度云网盘的下载链接 http://pan.baidu.com/download，如图 10–1 所示。

图 10–1　下载链接

步骤 2：按【Enter】键，进入百度云网盘官方下载界面，如图 10–2 所示。

图 10–2　网盘下载界面

步骤 3：选择对应的操作系统，单击“下载 Windows 电脑客户端”按钮，开始下载百度云网盘安装包 – BaiduNetdisk_xxx.exe（见图 10–2），在浏览器的下方可以查看下载进度。下载完成之后，从本地磁盘中选择一个合适的磁盘（以 D 盘为例，不建议放在 C 盘），在 D 盘新建一个文件夹，将文件 BaiduNetdisk_ xxx.exe 复制或剪切到 D 盘中。

步骤 4：双击 BaiduNetdisk_xxx.exe 文件，打开如图 10-3 所示对话框。

图 10-3　安装界面

步骤 5：在图 10-3 中，有两种安装路径可以选择：第一种，单击“极速安装”按钮，将文件安装在默认路径 C:\Users\109\AppData\Roaming\baidu\BaiduNetdisk，不建议选择第一种安装方式；第二种，指定路径安装文件，单击安装位置后面的“>”按钮，选择对应的位置安装，这里以 D:\baidudisk 为例，如图 10-4 所示。

图 10-4　选择安装路径

步骤 6：单击“极速安装”按钮，弹出自动安装界面，百度云网盘安装成功之后，自动弹出账号登录界面，如图 10-5 所示。

图 10-5　账号登录界面

步骤 7：百度云网盘安装成功之后，在桌面自动生成一个快捷方式，如图 10-6 所示。

图 10-6　快捷方式

2. 百度云网盘账号的注册、登录

步骤 1：在桌面双击百度网盘快捷方式，弹出账号登录界面，参见图 10-5。

步骤 2：单击“注册账号”按钮，弹出注册界面，如图 10-7 所示。

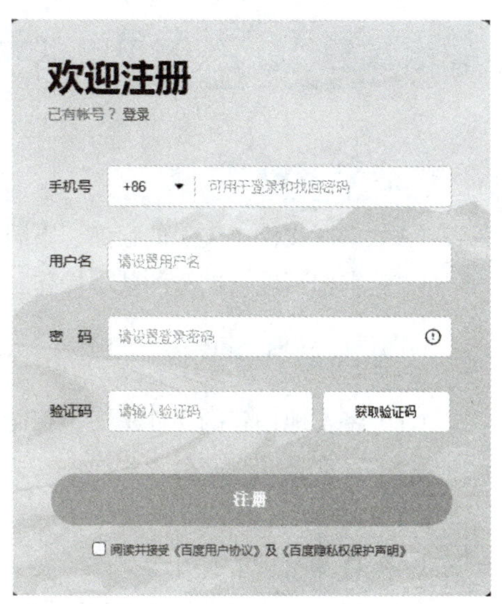

图 10-7　注册界面

步骤 3：在注册界面输入正确的手机号，主要用于登录和找回密码。用户名设置后不可更改，中英文均可，最长 14 个英文字母或 7 个汉字。他人已经使用过的用户名，这里不可以再使用。按要求设置登录密码，单击“获取验证码”按钮，查看手机短信，输入正确的验证码，选中“阅读并接受《百度用户协议》及《百度隐私权保护声明》”复选框，单击“注册”按钮。

步骤 4：注册完成之后，在图 10-5 所示的登录界面，输入注册的手机号和密码，单击“登录”按钮，打开如图 10-8 所示的窗口，表示登录成功。

图 10-8　登录成功

实验思考

如何用微信或者 QQ 第三方通过快捷登录？

基础实验 10.2 利用百度云网盘存储文件

实验目的

（1）掌握文件（夹）的存储、下载等操作。

（2）掌握百度云网盘的基本操作。

实验内容

（1）将本地创建的文件（夹）存储到百度云网盘。

（2）百度云网盘文件预览。

（3）将百度云网盘中的文件下载到本地。

（4）百度网盘中有许多文件（夹），在搜索框中搜索相应的文件。

（5）将百度网盘中的文件分享给微信好友，并设置分享的文件一天有效。

实验步骤

1. 文件（夹）的存储

步骤 1：登录百度云盘。

步骤 2：在桌面新建一个文件夹，命名为“计算机基础”，文件夹中新建不同的文件类型，如 Word、PPT、Excel，如图 10-9 所示。

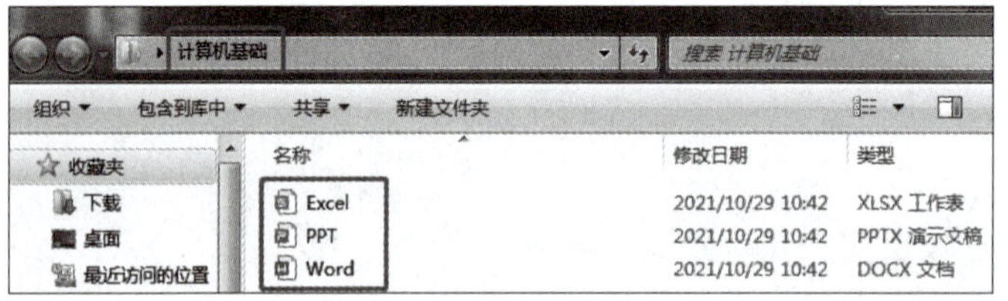

图 10-9　本地新建文件夹

步骤 3：用两种方式上传文件夹“计算机基础”到百度云端：第一种，用鼠标拖动本地文件“计算机基础”到图 10-8 界面的空白位置；第二种，单击图 10-8 界面中的“上传文件”按钮，打开如图 10-10 所示对话框，从本地选择需要上传的文件夹“计算机基础”，单击“存入百度网盘”按钮，文件上传成功，如图 10-11 所示。

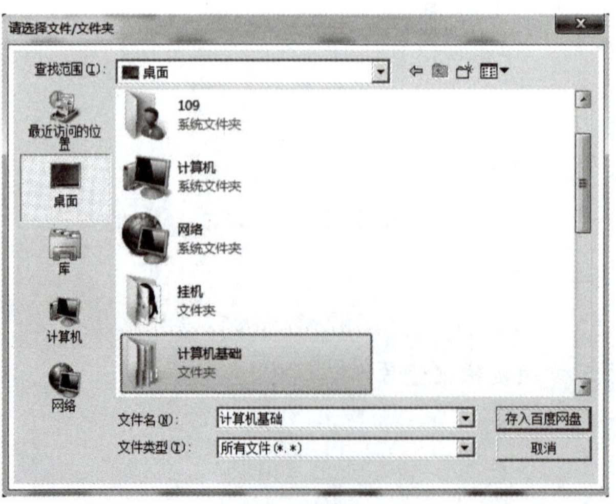

图 10-10　选择文件

图 10-11　文档成功上传界面

2. 文件预览

步骤 1：以在线浏览 Word 文档为例，在图 10-11 所示界面，双击“计算机基础”文件夹将其打开，如图 10-12 所示。

图 10-12　选择文件

步骤 2：双击 Word 文件，文件会先下载到本地，下载完成之后自动打开文件，完成浏览阅读和编辑。

3. 文件下载（以下载 Word 为例）

步骤 1：在图 10–12 界面，选中 Word.docx 文件，右击选择“下载”命令，打开“设置下载存储路径”对话框，如图 10–13 所示。

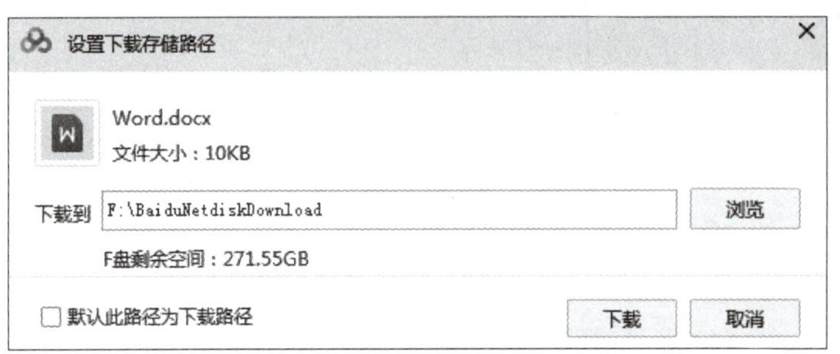

图 10–13　设置下载存储路径

步骤 2：单击“浏览”按钮，打开如图 10–14 所示对话框，选择合适的文件下载路径，单击“确定”按钮。单击“下载”按钮，完成下载。

步骤 3：在百度网盘界面的左侧栏目，单击“传输”按钮，出现三个模块，“正在下载”“正在上传”“传输完成”，如图 10–15 所示。在“传输完成”模块可以查看上传、下载完成的文件列表；在“正在下载”模块，可以查看文件下载进度；在“正在上传”模块，可以查看文件上传进度。

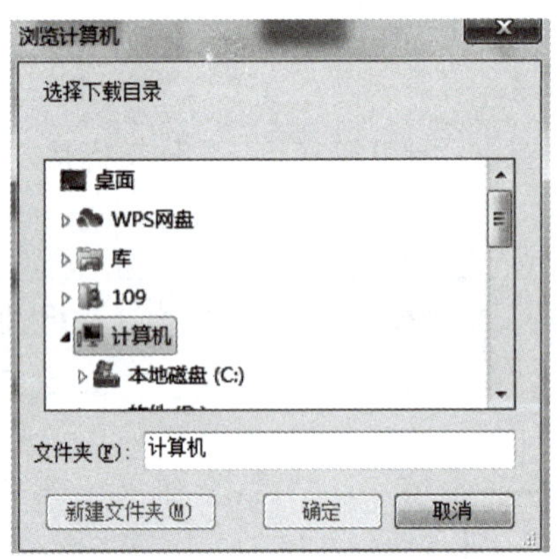

图 10–14　下载目录选择

图 10–15　传输模块

4. 文件搜索（以搜索 word.docx 为例）

步骤 1：在图 10–11 所示界面，单击右上角的“搜索我的网盘文件”搜索框，输入 wo 关键字，如图 10–16 所示。

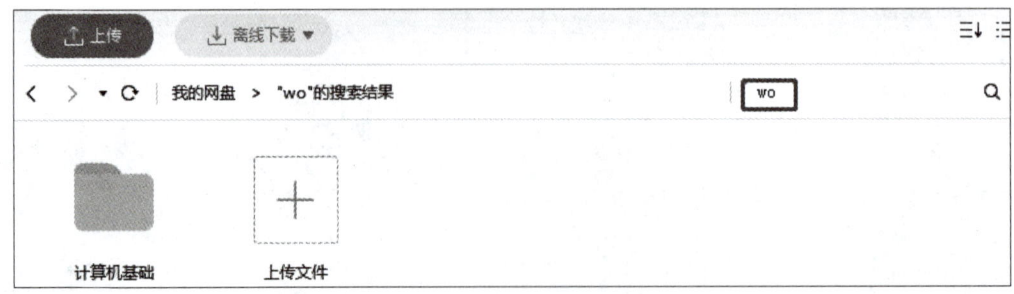

图 10–16　模糊搜索

步骤 2：单击“搜索”按钮进行模糊搜索，搜索结果如图 10–17 所示。

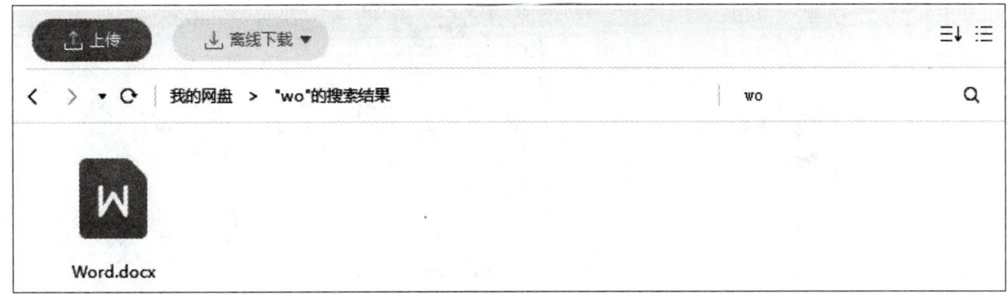

图 10–17　搜索结果

分享百度网盘中的文件给微信好友，并设置分享文件的有效期（以 1 天有效为例）。

步骤 1：选中“计算机基础”文件夹，右击选择“分享”命令，打开如图 10–18 所示对话框。从图文件分享共有两种分享模式：私密链接分享和发给好友。

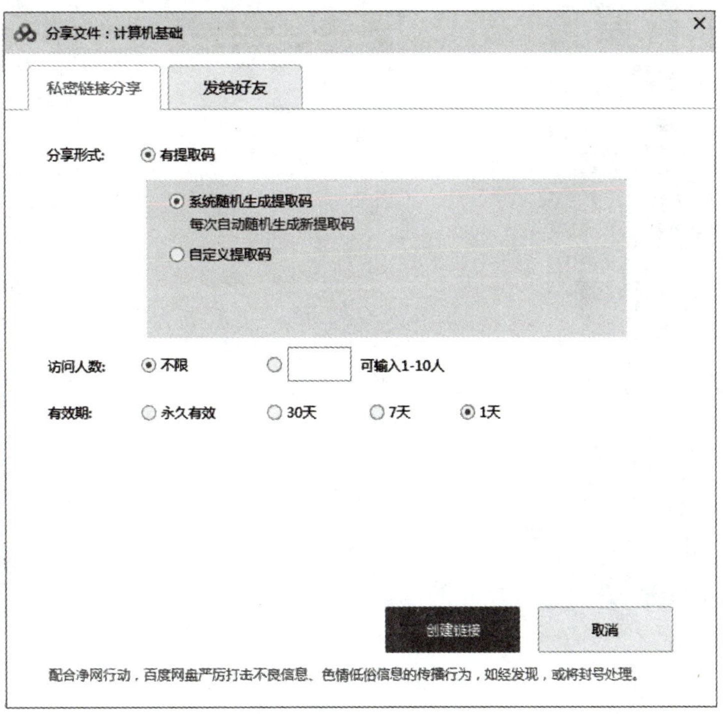

图 10–18　分享文件

步骤 2：“私密链接分享”是以提取码的形势分享。文件分享的有效期共有四种选择：永久有效、30 天、7 天和 1 天。单击“创建链接”按钮，打开如图 10–19 所示对话框。

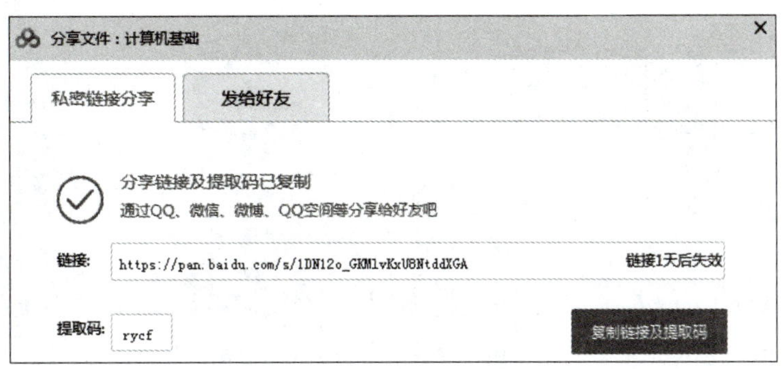

图 10–19　链接分享

步骤 3：单击“复制链接及提取码”按钮，复制成功之后，粘贴给需要分享的好友。

步骤 4：在图 10–18 中，单击“发给好友”选项卡，打开如图 10–20 所示对话框。

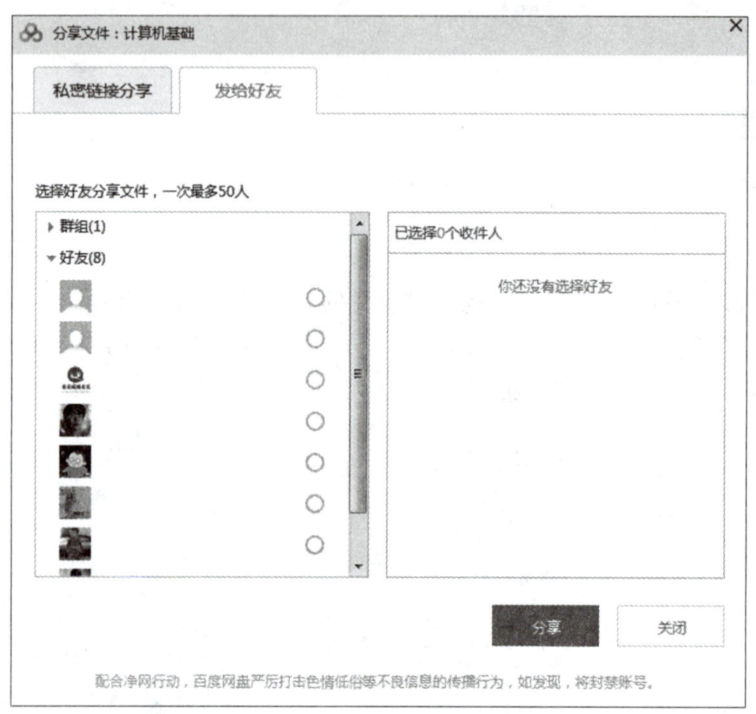

图 10–20　好友分享

步骤 5：在图 10–20 中，选择可以 1 个或多个文件，单击“分享”按钮，文件分享成功。

实验思考

如何添加百度云网盘好友？

综合实验　CNKI 中国知网系列数据库信息检索

实验目的

（1）了解 CNKI 中国知网的基本登录方式。

（2）掌握常用的 CNKI 跨库检索方式：简单检索、高级检索。

实验内容

（1）用户输入关键词，简单检索文献。

（2）多组检索条件自由组配逻辑关系实现高级检索。

实验步骤

1．进行简单搜索

步骤 1：从 CNKI 首页（http://www.cnki.net）登录或从有授权使用 CNKI 资源系统单位的镜像站上登录，进入中国学术文献网络出版总库检索界面，如图 10–21 所示。

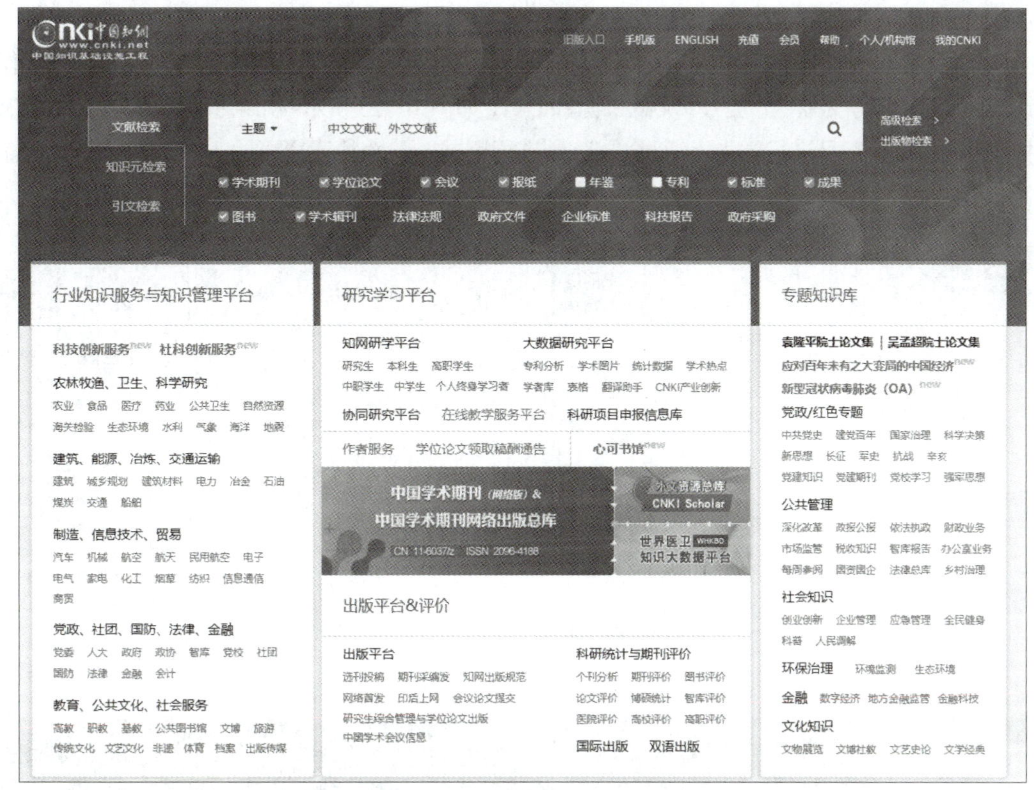

图 10–21　打开 CNKI 网站

步骤 2：登录 CNKI 后，系统默认的检索界面为简单检索界面。简单检索提供了类似搜索引擎的检索方式，用户输入所需的关键词。

步骤 3：单击“搜索”按钮即可快速查找到感兴趣的文献。

2. 进行高级搜索

高级检索是为用户提供更灵活、更方便地构造检索式的检索方式。单击“+”按钮可以增加检索项，并与上一行检索条件自由组配逻辑关系，最多可以增加 7 行。其检索步骤如下：

步骤 1：进入 CNKI 首页（http://www.cnki.net）。

步骤 2：单击“高级检索”链接，打开高级检索页面，如图 10–22 所示。

图 10–22　高级检索页面

步骤 3：选择检索项，输入检索词。

CNKI 提供以下几种检索项：主题、篇关摘、关键词、篇名、全文、作者、第一作者、通信作者、作者单位、基金、摘要、小标题、参考文献、分类号、文献来源和 DOI，如图 10–23 所示。如果检索项的数量不能满足要求，可以通过检索项前的“+”号进行添加，通过“-”号进行删减。一个检索项可输入一或两个检索词。

图 10–23　高级检索项

步骤 4：确定两个或多个检索项之间的逻辑关系。

CNKI 提供逻辑“与”、逻辑“或”和逻辑“非”三种布尔逻辑匹配关系，如图 10–24 所示。

步骤 5：选择模式。

CNKI 提供“精确”和“模糊”两种模式，如图 10–25 所示。

图 10–24　三种布尔逻辑匹配关系　　图 10–25　搜索模式

步骤 6：选择“基金文献”选项，限定文献支持基金，如图 10–26 所示。

图 10–26　选择“基金文献”选项

步骤 7：限定检索时间范围，从“发表时间”日历表中可以任意限定具体时间。同时 CNKI 提供了六种选项的更新时间，分别为最近一周、最近一月、最近半年、最近一年、今年迄今和上一季度，如图 10–27 所示。

（a）发表时间　　（b）更新时间

图 10–27　发表时间及更新时间选项

步骤 8：来源类别选择。

CNKI 提供了“SCI 来源期刊”“EI 来源期刊”“北大核心”“CSSCI”“CSCD”五种类别的多项选择，如图 10–28 所示。

图 10–28　来源类别多项选择

步骤 9：进行检索。

设置好检索条件后，单击“检索”按钮进行检索，并显示检索结果。

步骤 10：二次检索。

当检索结果达不到检索要求时，可以重新设置检索条件，在检索结果界面中单击“结果中检索”按钮进行二次检索，如图 10–29 所示。

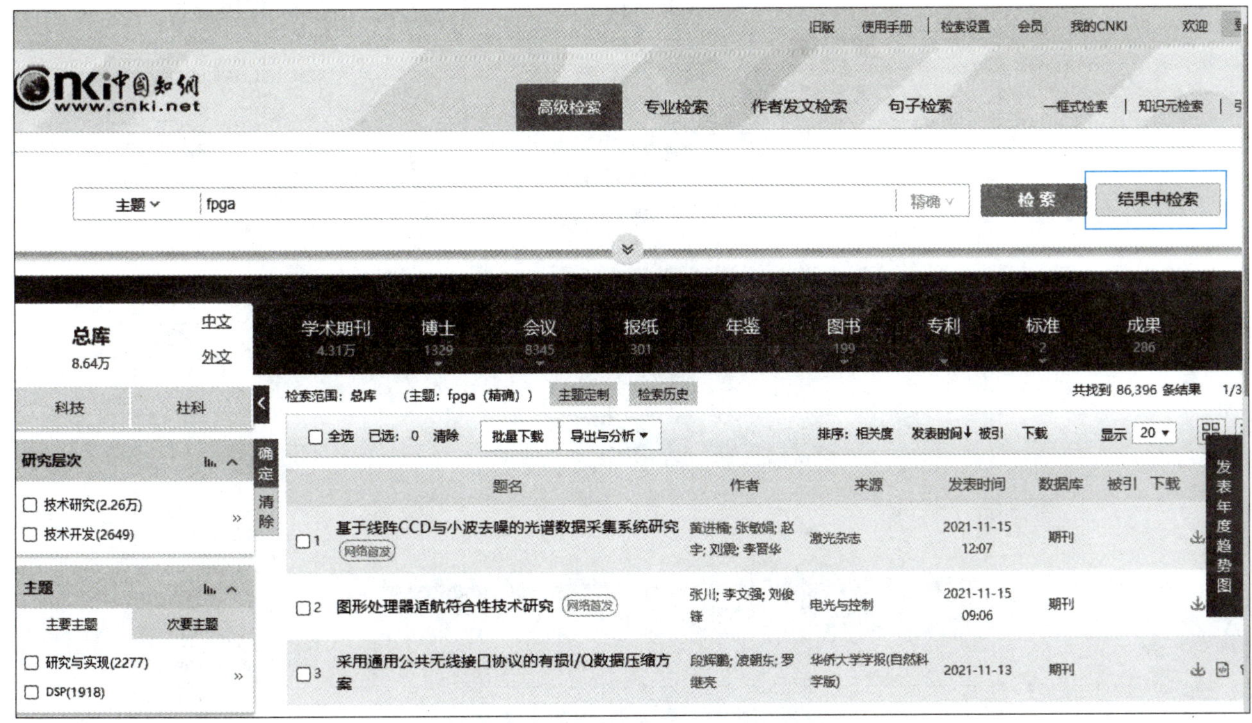

图 10–29　在检索结果中再次检索

步骤 11：检索结果的处理。

① 检索结果的显示。执行检索后，检索结果页面显示命中记录的简要信息，用户可以选择结果的显示方式：列表或摘要，如图 10-30 所示；同时也可以选择每页显示的记录条数：10、20 或 50，如图 10-31 所示。

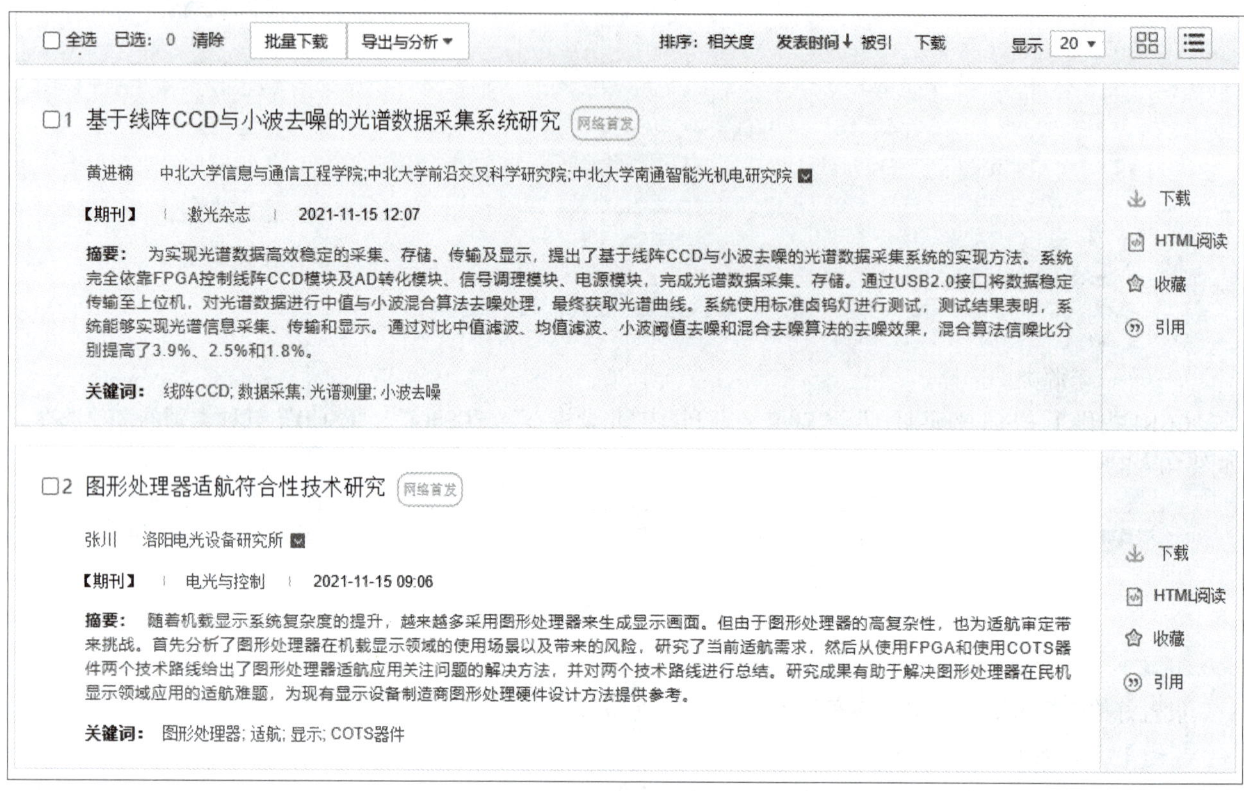

（a）摘要方式

全选 已选：0 清除 批量下载 导出与分析 排序：相关度 发表时间 被引 下载 显示 20

	题名	作者	来源	发表时间	数据库	被引	下载	操作
1	基于线阵CCD与小波去噪的光谱数据采集系统研究 网络首发	黄进楠; 张敏娟; 赵宇; 刘震; 李晋华	激光杂志	2021-11-15 12:07	期刊			
2	图形处理器适航符合性技术研究 网络首发	张川; 李文强; 刘俊锋	电光与控制	2021-11-15 09:06	期刊			
3	采用通用公共无线接口协议的有损I/Q数据压缩方案	段晖鹏; 凌朝东; 罗继亮	华侨大学学报(自然科学版)	2021-11-13	期刊			

（b）列表方式

图 10-30 检索结果的显示方式

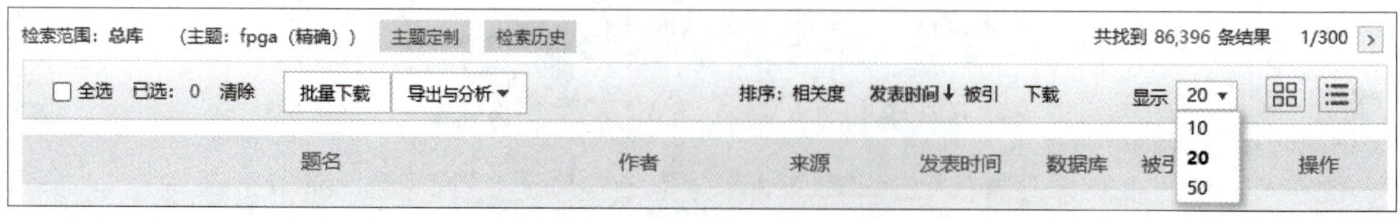

图 10-31 选择显示的记录条数

② 检索结果的分组筛选。页面左侧分组栏目将按分组类型展开分组的具体内容。检索结果分组类型包括发表年度、文献来源、作者、机构、基金文献类型等，如图 10-32 所示。选定检索结果列表左侧列表的不同分组类型标签之后，单击最左侧的“确定”按钮完成检索结果的分组筛选。

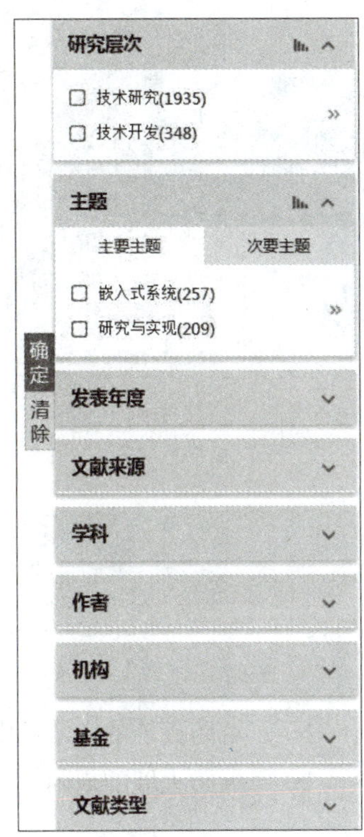

图 10-32　检索结果的分组筛选

③ 检索结果的排序。检索结果可以按相关度、发表时间、被引频次和下载频次的升降序排列，如图 10-33 所示。

图 10-33　检索结果的排序方式

④ 查看及保存全文。

操作提示：CNKI 提供了 CAJ 和 PDF 两种文献阅读格式，需要安装 Adobe Reader 和 CAJViewer 全文浏览器。CAJViewer 全文浏览器是中国知网的专用全文格式阅读器，提供浏览、打印、知识元链接、自动滚动、文字编辑、页面定位、标注和书架管理等功能。对于检索出的文献，在序号上做出选中标志后单击“存盘”按钮，就能将选中的文献存到指定的文件夹中。

专业检索、作者发文检索和句子检索针对什么人群？如何操作？

第 11 章 信息安全

基础实验 11.1 Windows 防火墙高级设置

实验目的

（1）了解防火墙的入站规则和出站规则。

（2）掌握防火墙的规则设置。

实验内容

（1）Windows 防火墙的基本操作。

（2）Windows 防火墙的高级设置。

实验步骤

1. Windows 防火墙的自定义设置

步骤 1：按【Win+R】组合键，快速打开运行界面，如图 11-1 所示。

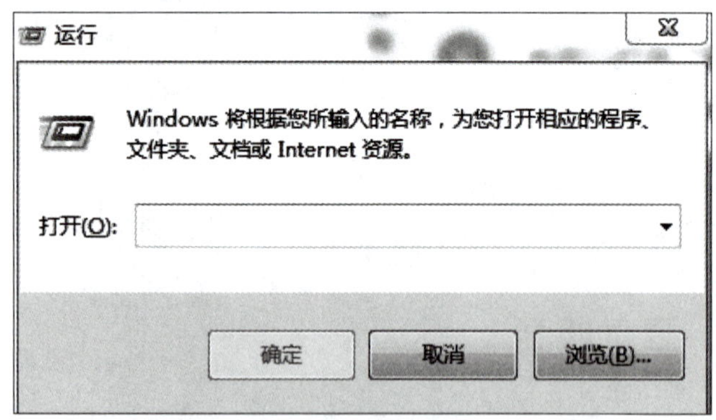

图 11-1 运行界面

步骤 2：在“运行”界面，输入 control，单击“确定”按钮，打开控制面板，如图 11-2 所示。

步骤 3：单击“控制面板”中的“系统与安全”，弹出界面如图 11-3 所示。

步骤 4：单击“Windows 防火墙”中的“检查防火墙状态”，窗口显示内容如图 11-4 所示。

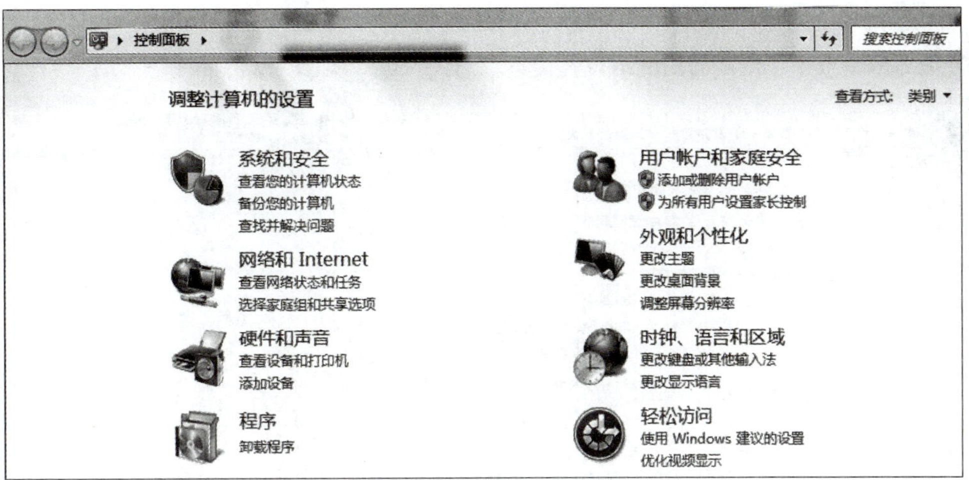

图 11-2　控制面板界面

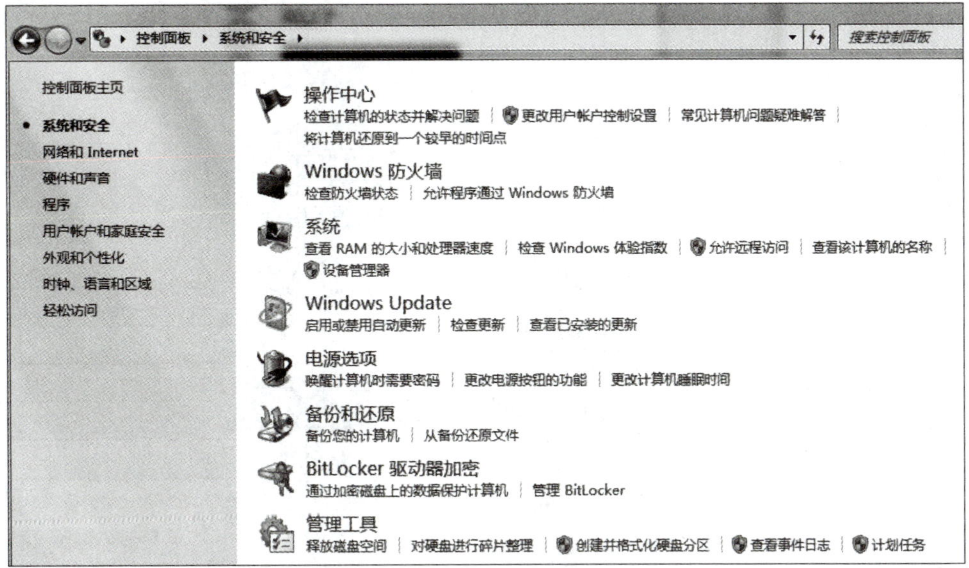

图 11-3　“系统与安全”界面

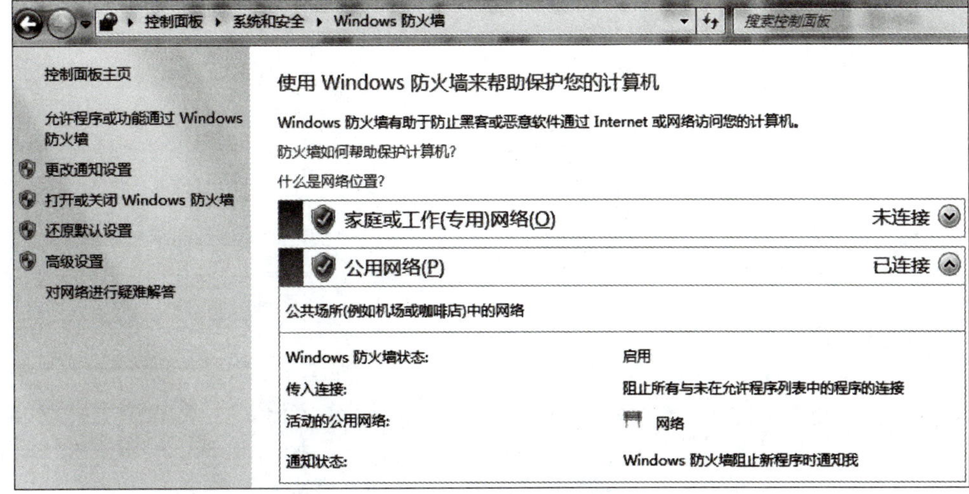

图 11-4　检查防火墙状态

步骤 5：在图 11–4 的左侧，单击“打开或关闭 Windows 防火墙”，窗口显示内容如图 11–5 所示。在窗口中，可以分别对家庭或工作网、公用网络位置设置“启用”或“关闭”Windows 防火墙。

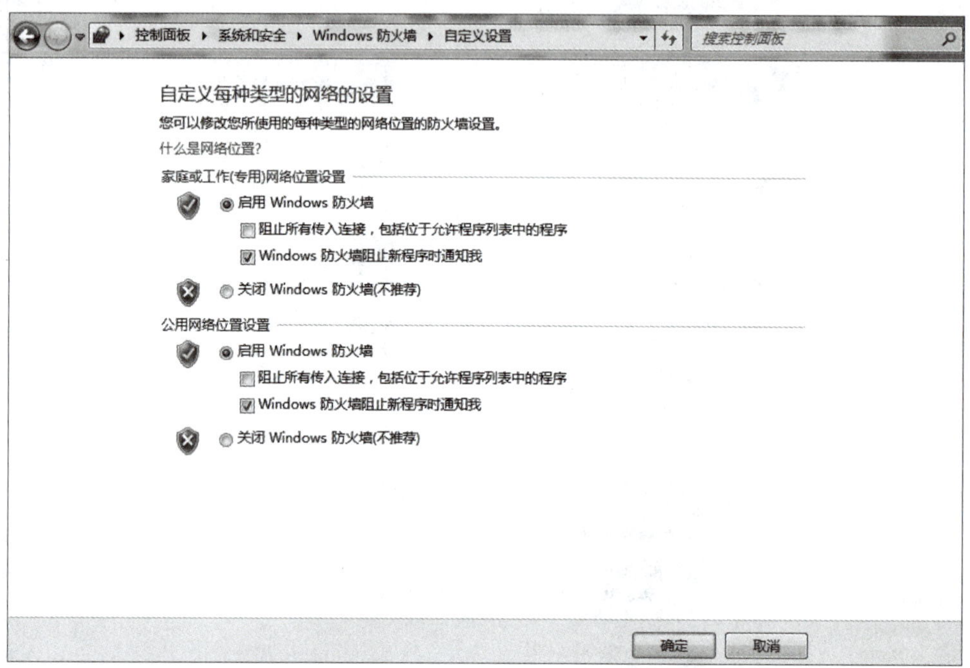

图 11–5　打开或关闭 Windows 防火墙

步骤 6：如果单击图 11–4 中的“允许程序或功能通过 Windows 防火墙”，窗口显示内容如图 11–6 所示。在该窗口中可以选择允许通过 Windows 防火墙的程序。

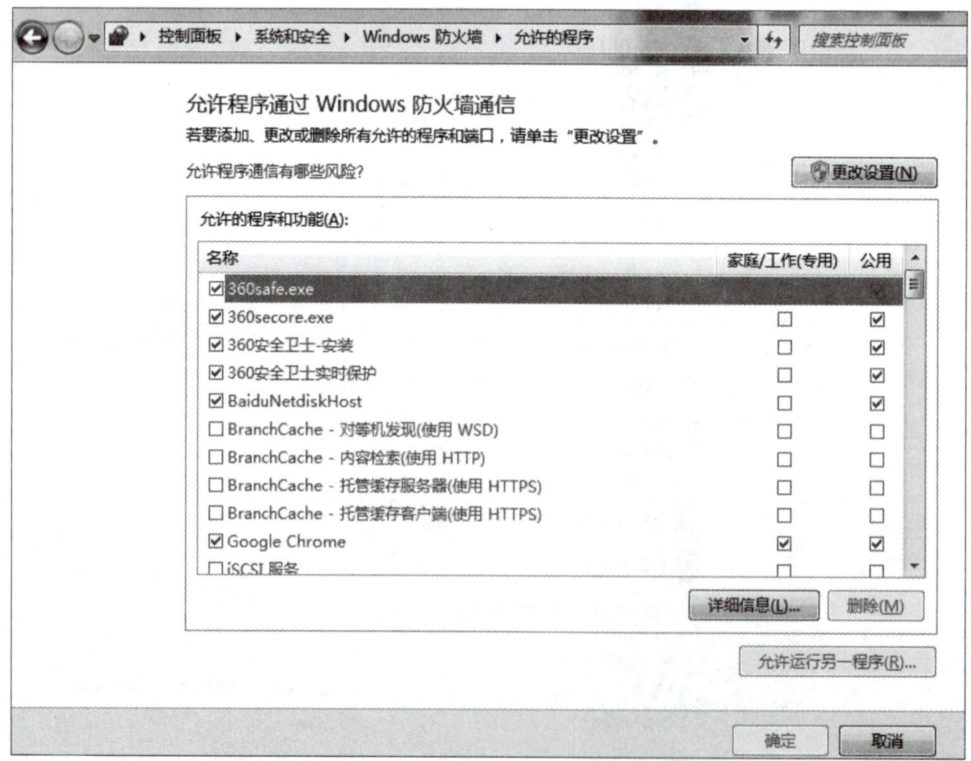

图 11–6　设置允许通过 Windows 防火墙的程序

2. Windows 防火墙的高级设置

步骤 1：单击图 11-4 左侧的“高级设置”，进入安全高级设置界面，如图 11-7 所示。

图 11-7　“高级设置”界面

步骤 2：单击图 11-7 中的“入站规则”，窗口显示内容如图 11-8 所示。在此窗口中可以对入站规则进行操作：允许连接或阻止连接。

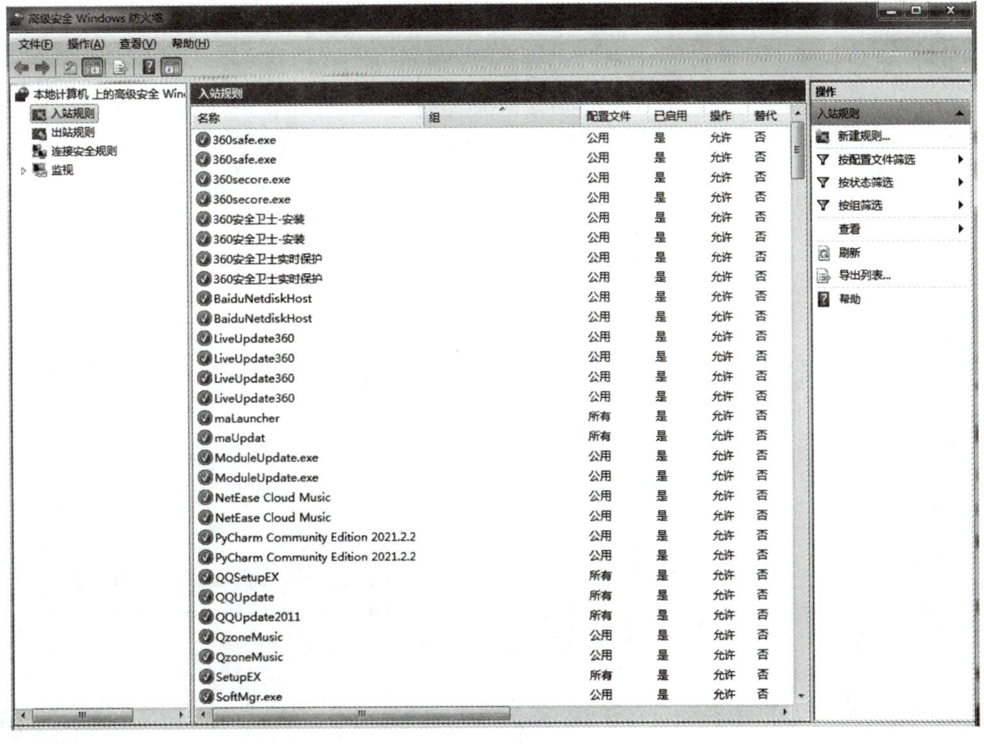

图 11-8　入站规则

步骤 3：单击右侧“操作”中的“新建规则”选项，窗口显示内容如图 11–9 所示。

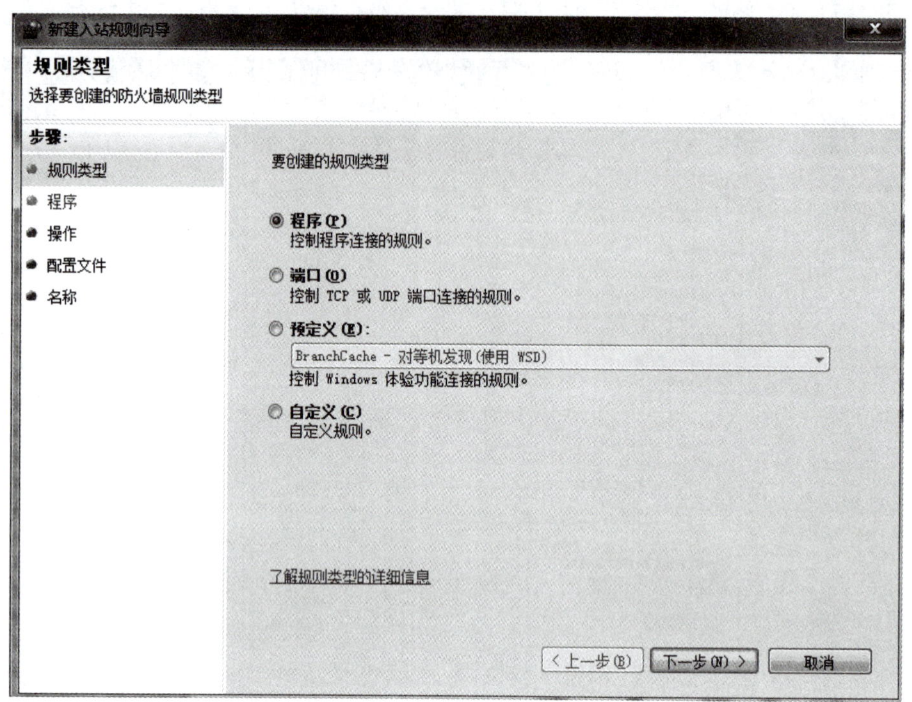

图 11–9　新建规则

步骤 4：在图 11–9 中选中“端口”单选按钮，然后单击“下一步”按钮，进行协议和端口设置，如图 11–10 所示。

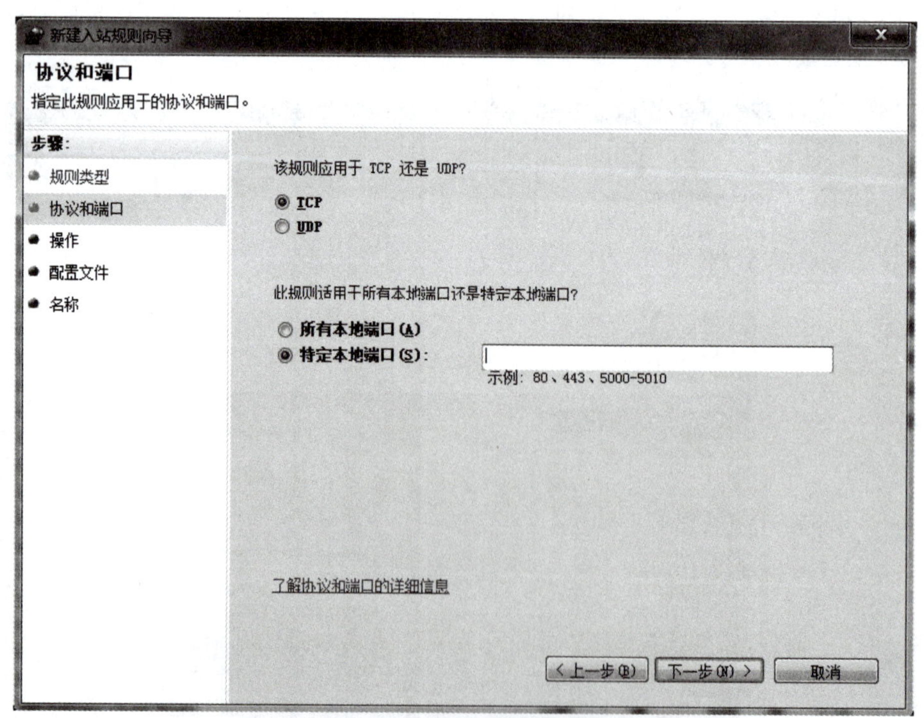

图 11–10　协议和端口设置

步骤 5：在“协议和端口”的右侧选中 TCP 单选按钮，然后在下方选中“特定本地端口”单选按钮，需要根据实际要求填写。然后单击“下一步”按钮，窗口显示内容如图 11–11 所示。

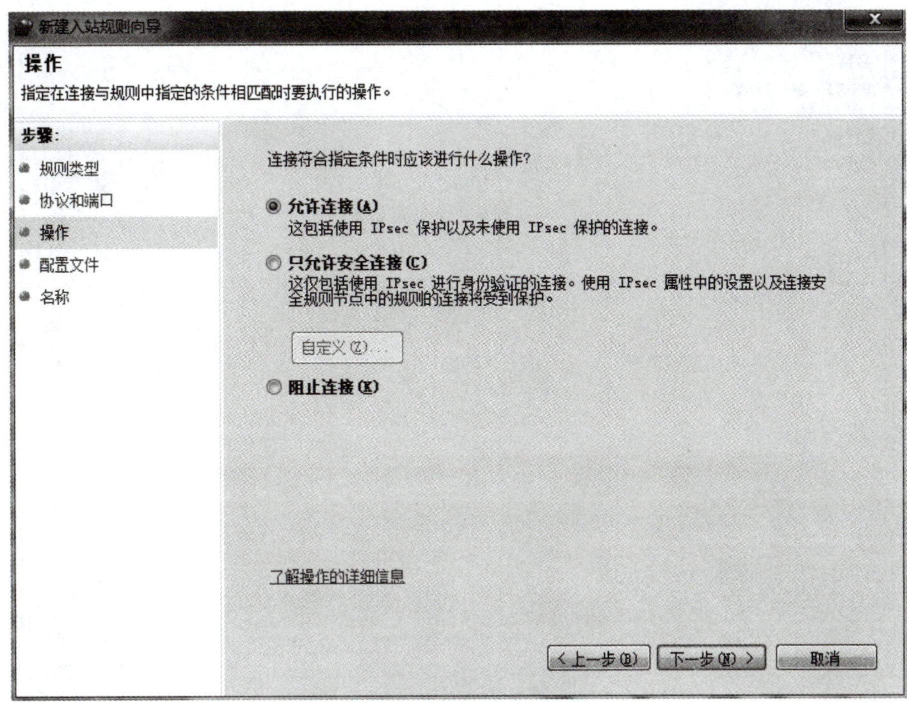

图 11-11　允许或阻止连接

步骤 6：根据实际需要选择“允许连接”或“阻止连接”，单击“下一步”按钮，窗口显示内容如图 11-12 所示。

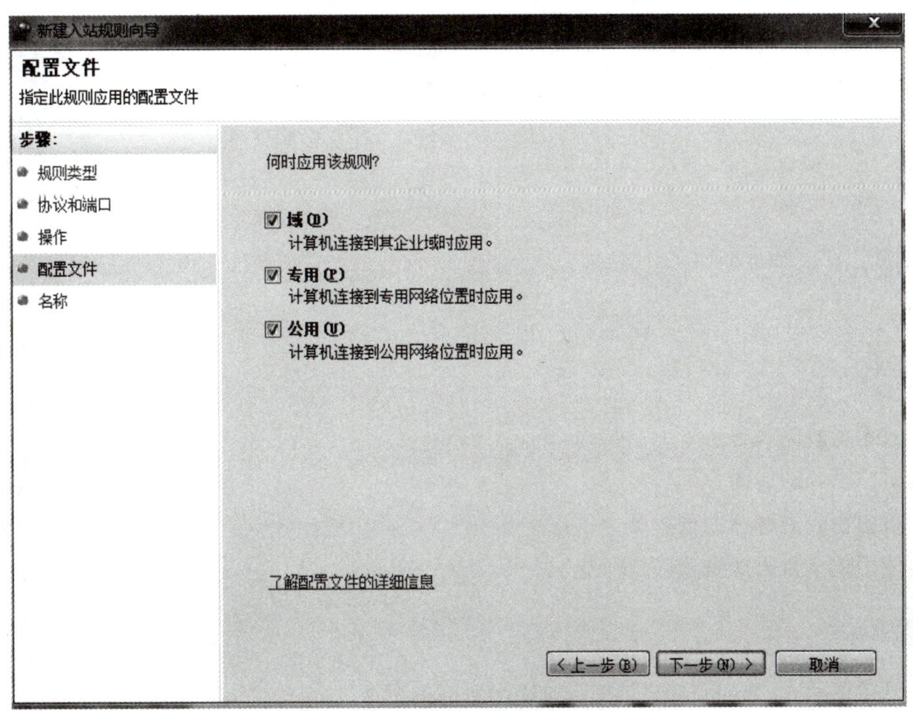

图 11-12　配置文件

步骤 7：采用默认选中“域”“专用”“公用”复选框，单击“下一步”按钮，窗口显示内容如图 11-13 所示。

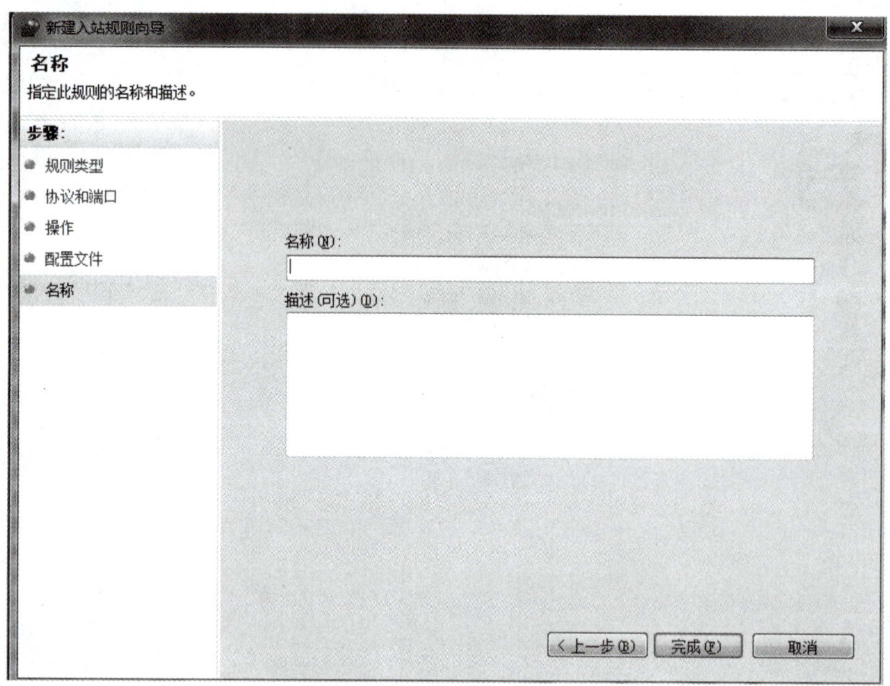

图 11-13　入站规则命名

步骤 8：填写名称和相关描述。然后单击“完成”按钮。然后，可以在图 11-8 所示界面查看新设置的入站规则。

步骤 9：单击图 11-8 中的“出站规则”，单击“新建规则”按照“入站规则”进行填写即可，这样防火墙端口就建立完成了。

实验思考

测试输入的端口协议是否允许 / 阻止连接。

基础实验 11.2　凯撒密码

实验目的

（1）了解凯撒密码的概念。

（2）掌握凯撒密码的加密原理。

（3）掌握凯撒密码的解密原理。

（4）学会使用凯撒密码加密或破译信息。

实验内容

（1）使用凯撒密码对“hello world”加密，输出对应的密文。

（2）使用凯撒密码对“khoor zruog”解密，输出对应的明文。

实验步骤

1．使用凯撒密码对“hello world”加密

步骤 1：基于凯撒加密原理，根据实际需要，规定字母加密偏移量（偏移量设置以 3 为例），设计明文字母 –

密文字母映射表，如表 11-1 所示。

表 11-1 明文 – 密文映射表

明文字母	a	b	c	d	e	f	g	h	i	j	k	l	m	n	o	p	q	r	s	t	u	v	w	x	y	z
密文字母	d	e	f	g	h	i	j	k	l	m	n	o	p	q	r	s	t	u	v	w	x	y	z	a	b	c

步骤 2：明确需要加密的明文字符串“hello world”。

步骤 3：参照表 11-1 明文 – 密文映射表，找到与明文“hello world”相对应的密文字符串。例如，明文 h 对应的密文是 k；明文 e 对应的密文是 h；明文 l 对应的密文是 o；明文 o 对应的密文是 r；明文 w 对应的密文是 z；明文 r 对应的密文是 u……可得明文字符串“hello world”对应的密文为“khoor zruog”

2. 使用凯撒密码对“khoor zruog”解密

步骤 1：明确需要解密的密文字符串“khoor zruog”。

步骤 2：参照表 11-1 明文 – 密文映射表，找到与密文“khoor zruog”相对应的明文字符串。例如，密文 k 对应的明文是 h；密文 h 对应的明文是 e；密文 o 对应的明文是 l；密文 r 对应的明文是 o；密文 z 对应的明文是 w……可得密文为“khoor zruog”对应的明文字符串是“hello world”

实验思考

基于凯撒加密原理，设置字母加密偏移量为 5，设计明文字母 – 密文字母映射表，将自己的姓名以拼音的形势转换为字母，对自己的拼音姓名进行加密和解密。

综合实验 360 安全卫士防病毒软件的安装与使用

实验目的

（1）了解 360 安全卫士下载、安装过程。

（2）掌握 360 安全卫士的主要功能操作：电脑体检、木马查杀、系统修复、电脑清理、优化加速。

（3）学会使用软件管家下载需要的软件或卸载无用的软件。

实验内容

（1）360 安全卫士下载与安装。

（2）360 安全卫士的主要功能操作。

（3）软件管家基本操作。

实验步骤

1. 360 安全卫士下载与安装

步骤 1：打开 http://www.360.cn/weishi/index.html 免费下载 360 安全卫士。

步骤 2：双击下载的 inst.exe 文件，完成安装，打开安装好的 360 安全卫士。

2. 360 安全卫士的主要功能操作

步骤 1：单击“我的电脑”→“立即体检”可以全面检查计算机的各项状况。体检完成后提交一份优化计算机的意见，可以根据需要对计算机进行优化。

步骤 2：对计算机进行体检。体检可以快速全面地了解计算机，可以提醒用户对计算机做必要的维护，如垃圾清理，漏洞修复等。定期体检可以有效地保持计算机健康。

步骤3：进行木马查杀。木马查杀可以找出计算机中疑似木马的程序并在取得用户允许的情况下删除这些程序。木马对计算机危害非常大，可能导致用户（包括支付宝、网络银行等）的重要账户密码丢失。木马的存在还可能导致用户的隐私文件被复制或删除，及时查杀木马对安全上网十分重要。单击进入“木马查杀”界面后，可以单击“快速查杀”“全盘查杀”“按位置查杀”图标检查计算机中是否存在木马程序。扫描结束后若出现疑似木马，可以选择删除或加入信任区。

步骤4：“系统修复”可以检查计算机中多个关键位置是否处于正常状态。当遇到浏览器主页、“开始”菜单、桌面图标、文件夹、系统设置等出现异常时，使用系统修复功能，可以帮助找出问题原因并予修复。在“系统修复”界面可以通过选择“常规修复”“漏洞修复”“软件修复”等标签完成特定的修复，如“漏洞修复”可以有效避免被不法者或者电脑黑客通过植入木马、病毒等方式来攻击或控制整个计算机，从而窃取计算机中的重要资料和信息，甚至破坏系统。

步骤5：“电脑清理”可以清理系统工作时所过滤加载出的剩余数据文件，虽然每个垃圾文件所占系统资源并不多，但是有一定时间没有清理时，垃圾文件会越来越多。垃圾文件长时间堆积会拖慢计算机的运行速度和上网速度，浪费硬盘空间。在“电脑清理”界面可以通过选择“一键清理”“清理垃圾”“清理插件”“清理痕迹”“清理软件”等标签完成特定的功能。

步骤6：单击“优化加速”“一键加速”可以帮助用户全面优化计算机系统，提升计算机速度，更有专业贴心的人工服务。同时，还为用户提供了“开机加速”和“软件加速”的便捷入口。

3. 软件管家基本操作

步骤1：单击“软件管家”可以方便、安全地下载众多安全优质的软件。下载时不必担心“被下载”。如果下载的软件中带有插件，软件管家会给予提示。更不需要担心下载到木马病毒等恶意程序。

步骤2：单击软件管家中的“卸载软件”便捷入口，卸载无用的软件。

基于360安全卫士，如何设置定期自动清理计算机垃圾、木马查杀以及病毒扫描等功能？